高等院校艺术设计专业精品系列教材

"互联网+"新形态立体化教学资源特色教材

CorelDRAW2019

中文版标准教程

CorelDRAW2019 Chinese Standard Course

耿雪莉　刘菲菲　**编　著**

中国轻工业出版社

图书在版编目（CIP）数据

CorelDRAW2019中文版标准教程 / 耿雪莉，刘菲菲
编著. —北京：中国轻工业出版社，2020.11
ISBN 978-7-5184-3103-8

Ⅰ.①C… Ⅱ.①耿…②刘… Ⅲ.①图形软件－高
等学校－教材 Ⅳ.① TP391.412

中国版本图书馆CIP数据核字（2020）第135867号

责任编辑：李 红　　责任终审：李建华　　整体设计：锋尚设计
责任校对：朱燕春　　责任监印：张 可

出版发行：中国轻工业出版社（北京东长安街6号，邮编：100740）

印　　刷：北京画中画印刷有限公司

经　　销：各地新华书店

版　　次：2020年11月第1版第1次印刷

开　　本：889×1194　1/16　印张：8.25

字　　数：220千字

书　　号：ISBN 978-7-5184-3103-8　定价：49.80元

邮购电话：010-65241695

发行电话：010-85119835　传真：85113293

网　　址：http://www.chlip.com.cn

Email：club@chlip.com.cn

如发现图书残缺请与我社邮购联系调换

200096J1X101ZBW

前言
PREFACE

现代计算机技术应用广泛，迅速改变着艺术设计领域的创意表现方式，促进了图形、图像视觉语言发展。在艺术设计领域，计算机辅助设计中使用的CorelDRAW软件，是由Corel公司开发的矢量图形处理和编辑软件。1989年CorelDRAW问世后，引入了全色矢量插图和版面设计程序，填补了该领域的空白，一经发布就掀起了图形设计行业的革命浪潮，成为第一款适用于Windows的图形软件。而后每一次更新，都能满足各种创作需求，提供独特的图形解决方案。它功能强大、易学易用，既有矢量绘图、矢量特效、文本编辑等强大功能，又有位图调整和特效编辑功能，深受图形图像处理爱好者和艺术设计人员的喜爱，已成为这一领域广泛应用的软件之一。

CorelDRAW的优势在于它将矢量插图、版面设计、照片编辑等众多功能融于一个软件中。颜色是艺术设计的传达重点，该软件的实色填充提供了各种模式的调色方案以及专色的应用、渐变、位图、底纹填充，颜色变化与操作方式更是其他软件不能及的。而该软件的颜色管理方案让显示、打印和印刷达到颜色的一致。

CorelDRAW的文字处理与图像的输出输入构成了排版功能。其文字处理是迄今所有软件中最优秀的，它支持大部分图像格式的输入与输出，几乎与其他软件均可畅行无阻地交换共享文件。所以大部分艺术设计作品直接在CorelDRAW中排版，然后分色输出。该软件可以让使用者轻松应对创意图形设计项目，文件兼容性与高质量的内容可以帮助使用者将创意变为专业作品。另外，从与众不同的标志到引人注目的营销，再到令人赏心悦目的Web图形，应有尽有。也正是因为该软件主体功能在艺术设计各个领域的优良表现，才使其成为艺术设计专业所必修的软件之一。目前，我国很多高等院校计算机软件培训机构，都将CorelDRAW作为一门重要的专业课程。

CorelDRAW历史版本有8、9、10、11、12、X3、X4、X5、X6、X7、X8、2017、2018，每个版本都会在上一版本的基础上更新、改进和增强。CorelDRAW2019与以往的版本相比，增添了许多实用的新功能，适用面很广，从传统视觉传达领域的图形设计、招贴设计、书籍装帧排版，到环境设计、工业设计、服装设计、动漫设计，甚至建筑设计都有较强的拓展性，设计师能根据自己的专业方向自由发挥，绘制出与专业相关的图纸。

本书在编写过程中，将积累多年的设计素材分享给读者，并对全书所讲述的操作方法录制了教学视频，并制作了同步PPT，读者可通过手机扫二维码下载，通过电脑端观看、使用。本书主要素材、教学视频由湖北工业大学艺术设计学院沈婧欣制作，在此表示感谢。

编著者

目 录
CONTENTS

第一章

认识CorelDRAW 2019中文版

若扫码失败请使用浏览器或其他应用重新扫码！

PPT 课件

学习难度：★★☆☆☆
重点概念：功能、界面、布局

章节导读：

CorelDRAW2019中文版与以前版本的工作界面基本相同，主要由菜单栏、标准工具栏、工具箱、页面控制栏、状态栏、泊坞窗和绘图页面等部分组成。通过对本章的学习，读者可以对CorelDRAW2019中文版有一个初步的认识，并能运用界面中的工具进行简单的操作，为后期深入学习打好基础（图1-1）。

CorelDRAW 2019
用户界面初始化...

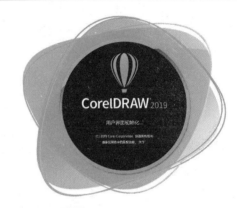

图1-1　启动界面

第一节　基本操作界面

一、菜单栏

菜单栏集合了CorelDRAW2019中文版中的所有命令，包含“文件”“编辑”“视图”“布局”“对象”“效果”“位图”“文本”“表格”“工具”“窗口”和“帮助”等大类（图1-2）。

单击每一类的按钮都将弹出其下拉菜单。如单击“编辑”按钮，将弹出“编辑”下拉菜单。最左边为图标，它和工具栏中具有相同功能的图标一致，以便于用户记忆和使用。最右边显示的组合键为操作快捷键，便于用户提高工作效率。

某些命令后带有▶按钮，表明该命令还有下一级菜单，将光标停放在其上即可弹出下拉菜单。某些命令后带有“…”按钮，单击该命令即可弹出对话框，允许对其进行进一步设置。此外，“编辑”下拉菜单中有些命令呈灰色状，表明该命令当前还不可使用，

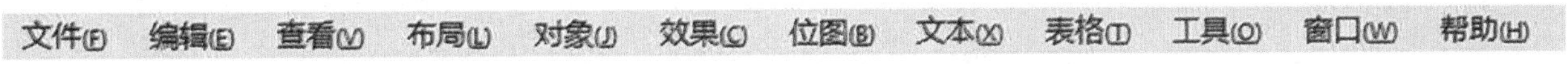

文件(F) 编辑(E) 查看(V) 布局(L) 对象(J) 效果(C) 位图(B) 文本(X) 表格(T) 工具(O) 窗口(W) 帮助(H)

图1-2　菜单栏

需进行一些相关的操作后方可使用（图1-3）。

二、标准工具栏

在菜单栏的下方通常是工具栏，这里存放了最常用的命令按钮，如"新建""打开""保存""打印""剪切""复制""粘贴""撤销""重做""搜索内容""导入""导出""发布为PDF""缩放级别""全屏预览""显示标尺""显示网格""显示辅助线""贴齐""欢迎屏幕""选项"和"应用程序启动器"等。它们可以使用户便捷地完成以上这些最基本的操作（图1-4）。

此外，CorelDRAW2019中文版还提供了其他一些工具栏，用户可以在"选项"对话框中选择它们。选择"窗口→工具栏→文本"命令，可显示"文本"工具栏。选择"窗口→工具栏→变换"命令，则可显示"变换"工具栏（图1-5）。

图1-3 编辑按钮的下拉菜单

图1-4 标准工具栏

图1-5 "变换"工具栏

三、工具箱

CorelDRAW2019中文版的工具箱中放置着在绘制图形时最常用的一些工具，这些工具是每一个软件使用者必须掌握的基本操作工具。

在工具箱中，依次分类排放着"选择"工具、"形状"工具、"裁剪"工具、"缩放"工具、"手绘"工具、"艺术笔"工具、"矩形"工具、"椭圆形"工具、"多边形"工具、"基本形状"工具、"文本"工具、"表格"工具、"平行度量"工具、"直线连接器"工具、"阴影"工具、"颜色滴管"工具、"轮廓笔"工具、"智能填充"工具和"交互式填充"工具等（图1-6）。

其中，有些工具按钮带有小三角标记◢，表明还有展开工具栏，用光标按住它即可展开。例如，按住"阴影"工具，将展开工具栏（图1-7）。

图1-7 展开阴影工具栏

四、页面控制栏

页面控制栏可用于创建新页面并显示CorelDRAW2019中文版中文档各页面的内容（图1-8）。

图1-8 页面控制栏

图1-6 工具箱

五、状态栏

CorelDRAW2019中文版的状态栏可以为用户提供有关当前操作的各种提示信息（图1-9）。

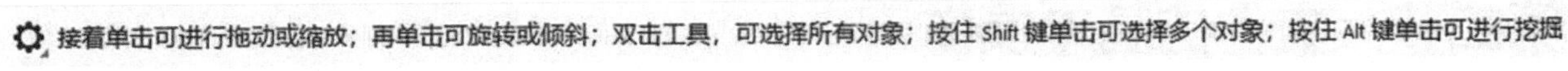

⚙️ 接着单击可进行拖动或缩放；再单击可旋转或倾斜；双击工具，可选择所有对象；按住 Shift 键单击可选择多个对象；按住 Alt 键单击可进行挖掘

图1-9　状态栏

图1-10　右侧为泊坞窗

图1-11　泊坞窗子菜单

× 📌 提示(N)　✏️ 属性　◈ 对象 (O)　📄 符号　＋

图1-12　泊坞窗标签

图1-13　右侧泊坞窗

边框内为绘图页面

图1-14　绘图页面

六、泊坞窗

CorelDRAW2019中文版的泊坞窗是一个十分有特色的窗口。当打开这一窗口时，它会停靠在绘图窗口的边缘，因此被称为"泊坞窗"。选择"窗口→泊坞窗→对象属性"命令，或按Alt+Enter组合键，即可弹出如图1-10所示画面。

还可将泊坞窗拖曳出来，放在任意位置，并可通过单击窗口右上角的"对象属性"按钮将窗口折叠或展开。因此，它又被称为"卷帘工具"。

CorelDRAW2019中文版泊坞窗的列表位于"窗口→泊坞窗"子菜单中。可以选择"泊坞窗"下的各个命令，以打开相应的泊坞窗。用户可以打开一个或多个泊坞窗，当几个泊坞窗都打开时，除了活动的泊坞窗外，其余的泊坞窗将沿着泊坞窗的边沿以标签形式显示（图1-11~图1-13）。

七、绘图页面

指绘图窗口中带矩形边沿的区域，只有此区域内的图形才能打印出来（图1-14）。

第二节　文件的基本操作

一、新建和打开文件

1. 使用CorelDRAW2019启动时的欢迎窗口新建和打开文件

在启动时的欢迎窗口中，单击"新建文档"图标，可以建立一个新的文档；单击"从模板新建"图标，可以使用系统默认的模板创建文件；单击"打开文件"图标，弹出"打开绘图"对话框，可以从中选择要打开的图形文件；单击"打开最近用过的文档"下方的文件名，可以打开最近编辑过的图形文件，在新文档的"＋"号图标右侧会有最近用过的文档，单击即可打开最近编辑过的图形文件，在左侧的"最近使用过的文件预览"框中显示选中文件的效果图，在"文件信息"框中显示文件名称、文件创建时间和位置、文件大小等信息（图1-15、图1-16）。

2. 使用命令和快捷键新建和打开文件

选择"文件→新建"命令，或按Ctrl+N组合键，可新建文件。选择"文件→从模板新建"或"打开"命令，或按Ctrl+O组合键，可打开文件。

3. 使用标准工具栏新建和打开文件

使用CorelDRAW2019标准工具栏中的"新建"按钮和"打开"按钮来新建和打开文件。

二、保存和关闭文件

1. 使用命令和快捷键保存文件

选择"文件→保存"命令，或按Ctrl+S组合键，可保存文件。选择"文件→另存为"命令，或按Ctrl+Shift+S组合键，可更名保存文件。

如果是第一次保存文件，在执行上述操作后，会弹出"保存绘图"对话框。在对话框中，可以设置"文件路径""文件名""保存类型"和"版本"等保存选项。

2. 使用标准工具栏保存文件

使用CorelDRAW2019标准工具栏中的"保存"按钮来保存文件（图1-17）。

三、导出文件

1. 使用命令和快捷键导出文件

选择"文件→导出"命令，或按Ctrl+E组合键，弹出"导出"对话框。在对话框中，可以设置"文件路径""文件名"和"保存类型"等选项。

2. 使用标准工具栏导出文件

使用CorelDRAW2019标准工具栏中的"导出"按钮也可以将文件导出（图1-18）。

图1-15　最近使用过的文件预览

图1-16　打开绘图对话框

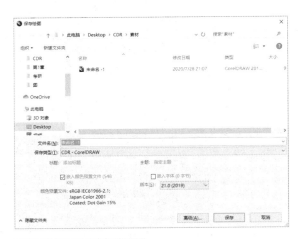

图1-17 保存绘图对话框

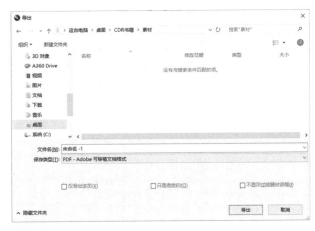

图1-18 文件导出对话框

第三节 页面布局设置

使用"选择"工具属性栏可以轻松地对CorelDRAW 2019版面进行设置。选择"选择"工具，"工具→选项"命令，或单击标准工具栏中的"选项"按钮；按Ctrl+J组合键，弹出"CorelDRAW选项"对话框。在该对话框中单击"自定义→命令栏"选项，再勾选"属性栏"；然后单击"确定"按钮，则可显示"选择"工具属性栏。在属性栏中，可以设置纸张的类型、大小和纸张的高度、宽度，纸张的放置方向等（图1-19、图1-20）。

图1-19 自定义对话框

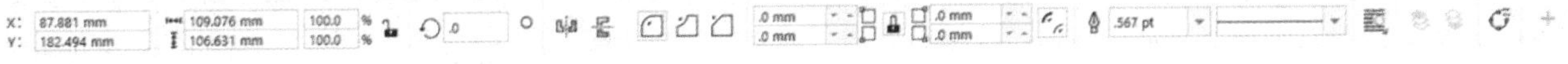

图1-20 工具属性栏

一、设置页面大小

点击工具属性栏下的"A4"下的小箭头，选择最下方的"编辑该列表"（图1-21），弹出"文档选项"对话框。在"页面尺寸"选项中可以对页面大小和方向进行设置，还可设置页面出血、分辨率等选项（图1-22）选择"Layout"选项，可从中选择版面的样式（图1-23）。

二、设置页面标签和背景

（1）选择"页面尺寸→标签预设"选项。这里汇集了多种标签格式供用户选择（图1-24）。

（2）选择"背景"选项，可以从中选择纯色或位图图像作为绘图页面的背景（图1-25）。

图1-21　编辑该列表

图1-22　文档选项对话框中的页面尺寸选项

图1-23　文档选项对话框中的Layout选项

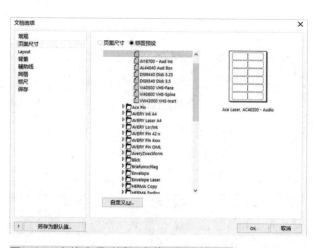

图1-24　文档选项对话框中的页面尺寸选项

图1-25　文档选项对话框中的背景选项

三、插入、删除与重命名页面

1. 插入页面

选择"布局→插入页面"命令，弹出"插入页面"对话框。在对话框中，可以设置插入的页面数目、位置、页面大小和方向等（图1-26～图1-28）。

在CorelDRAW2019中文版状态栏的页面标签上单击鼠标右键，在弹出的快捷菜单中选择"插入页面"命令，即可插入新页面。

图1-26 插入页面命令　　图1-27 插入页面对话框　　图1-28 页面菜单　　图1-29 删除页面

2. 删除页面

选择"布局→删除页面"命令，弹出"删除页面"对话框。在该对话框中，可以设置要删除的页面序号，另外还可以同时删除多个连续的页面。

3. 重命名页面

图1-30 重命名页面

选择"布局→重命名页面"命令，弹出"重命名页面"对话框。在对话框中的"页名"选项中输入名称，单击"确定"按钮，即可重命名页面（图1-29、图1-30）。

第四节　图形和图像的基础知识

想要应用好CorelDRAW2019，就要对图像的种类、色彩模式及文件格式有所了解和掌握。下面将进行详细的介绍。

一、位图与矢量图

在计算机中，图像大致可以分为两种：位图图像和矢量图像。

1. 位图

位图又称为点阵图，是由许多点组成的，这些点称为像素。许多不同色彩的像素组合存一起便构成了一幅图像。由于位图采取了点阵的方式，每个像素都能记录图像的色彩信息，因而可以精确地表现色彩丰富的图像。但是图像的色彩越丰富，图像的像素就越多（即分辨率越高），文件也就越大，因此，处理位图时，对计算机配置要求也较高。同时，由于位图本身的特点，图像在缩放和旋转变形时会产生失真的现象（图1-31）。

图1-31　位图

图1-32　矢量图

2. 矢量图

矢量图也称向量图像，它是以数学的矢量方式来记录图像内容的。矢量图像中的图形元素称为对象，每个对象都是独立的，具有各自的属性（如颜色、形状、轮廓、大小和位置等）。矢量图像在缩放时不会产生失真的现象，并且它的文件占用的内存空间较小。这种图像的缺点是不易制作色彩丰富的图像，无法像位图图像那样精确地描绘各种绚丽的色彩（图1-32）。

这两种类型的图像各具特色，也各有优缺点，并且两者之间具有良好的互补性。因此，在图像处理和绘制图形的过程中，将这两种图像交互使用，取长补短，一定能使创作出更完美的作品。

二、色彩模式

CorelDRAW2019提供了多种色彩模式，色彩模式是指色彩协调搭配的数值表示方法，经常使用到的有RGB模式、CMYK模式、Lab模式、HSB模式及灰度模式等。每种色彩模式都有不同的色域，读者可根据需要选择合适的色彩模式，各个模式之间可以互相转换。

1. RGB模式

RGB模式是一种加色模式，也是工作中使用广泛的一种色彩模式。它通过红、绿、蓝3种色光相叠加而形成更多的颜色。同时RGB也是色光的彩色模式，一幅RGB图像有3个色彩信息的通道：红色（R）、绿色（G）和蓝色（B）。

每个通道都有8位色彩信息，即0~255的亮度值色域。RGB 3种色彩的数值越大，颜色就越浅，如3种色彩的数值都为255时，颜色被调整为白色；RGB 3种色彩的数值越小，颜色就越深，如3种色彩的数值都为0时，颜色被调整为黑色。

选择RGB模式的操作步骤为选择"编辑填充"工具，或按Shift+F11组合键，弹出"编辑填充"对话框，在对话框中单击"均匀填充"按钮，选择"RGB"颜色模式，在对话框中可设置RGB颜色值（图1-33）。

2. CMYK模式

CMYK模式在印刷时应用了色彩学中的减法混合原理，它通过反射某些颜色的光并吸收另外一些颜色的光，产生不同的颜色，是一种减色色彩模式。CMYK代表了印刷上用的4种油墨色：C代表青色，M代表洋红色，Y代表黄色，K代表黑色。CorelDRAW2019默认状态下使用的就是CMYK模式。

CMYK模式是图片和其他作品中最常用的一种印刷方式。这是因为在印刷中通常都要进行四色分

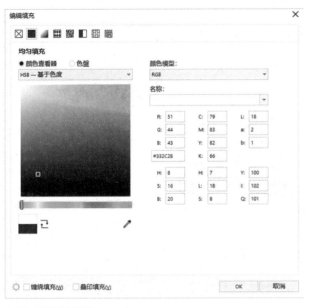

图1-33　RGB模式

色，出四色胶片，然后再进行印刷。选择CMYK模式的操作步骤为选择"编辑填充"工具，在弹出的"编辑填充"对话框中单击"均匀填充"按钮，选择"CMYK"颜色模式，在对话框中设置CMYK颜色值（图1-34）。

3. Lab模式

Lab是一种国际色彩标准模式，它由3个通道组成：一个通道是透明度，即L；另外两个是色彩通道，即色相和饱和度，用a和b表示。a通道包括的颜

色值从深绿到灰，再到亮粉红色；b通道是从亮蓝色到灰，再到焦黄色。这些色彩混合后将产生明亮的色彩。

选择Lab模式的操作步骤为选择"编辑填充"工具，在弹出的"编辑填充"对话框中单击"均匀填充"按钮，选择"Lab"颜色模式，在对话框中设置Lab颜色值（图1-35）。

Lab模式在理论上包括人眼可见的所有色彩，它弥补了CMYK模式和RGB模式的不足。在这种模式下，图像的处理速度比在CMYK模式下快数倍，与RGB模式的速度相仿，而且在把Lab模式转成CMYK模式的过程中，所有色彩不会丢失或被替换。事实上，将RGB模式转换成CMYK模式时，Lab模式一直扮演着中介者的角色。也就是说，RGB模式先转成Lab模式，再转成CMYK模式。

4. HSB模式

HSB模式是一种更直观的色彩模式，它的调色方法更接近人的视觉原理，在调色过程中更容易找到所需颜色。

H代表色相，S代表饱和度，B代表亮度。色相的意思是纯色，即组成可见光谱的单色。红色为0度，绿色为120度，蓝色为240度。饱和度代表色彩的纯度，饱和度为零时即为灰色，黑、白两种色彩没有饱

图1-34　CMYK模式

图1-35　Lab模式

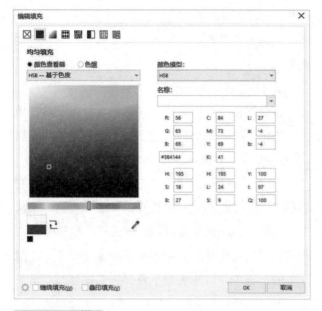

图1-36　HSB模式

图1-37　灰度模式

和度。亮度是色彩的明亮程度，最大亮度是色彩最鲜明的状态，黑色的亮度为0。

进入HSB模式的操作步骤为：选择"编辑填充"工具，在弹出的"编辑填充"对话框中单击"均匀填充"按钮，选择"HSB"颜色模式，在对话框中设置HSB颜色值（图1-36）。

5. 灰度模式

灰度模式形成的灰度图又叫8比特深度图。每个像素用8个二进制位表示，能产生2^8即256级灰色调。当彩色文件被转换为灰度模式文件时，所有的颜色信息都将从文件中丢失。尽管CorelDRAW2019允许将灰度文件转换为彩色模式文件，但不可能将原来的颜色完全还原。所以，当要转换灰度模式时，请先做好图像的备份。

像黑白照片一样，灰度模式的图像只有明暗值，没有色相和饱和度这两种颜色信息。0%代表黑色，100%代表白色。将彩色模式转换为双色调模式时，必须先转换为灰度模式，然后由灰度模式转换为双色调模式。在制作黑白印刷品时会经常使用灰度模式。

进入灰度模式操作的步骤为：选择"编辑填充"工具，在弹出的"编辑填充"对话框中单击"均匀填充"按钮，选择"灰度"颜色模式，在对话框中设置灰度值（图1-37）。

三、文件格式

CorelDRAW2019中有20多种文件格式可供选择。在这些文件格式中，既有CorelDRAW2019的专用格式，也有用于应用程序交换的文件格式，还有一些比较特殊的格式。

1. CDR格式

CDR格式是CorelDRAW的专用传统图形文件格式。由于CorelDRAW2019是矢量图形绘制软件，所以CDR可以记录文件的属性、位置和分页等。但它在兼容度上比较差，所有CorelDRAW2019应用程序中均能够使用，但其他图像编辑软件无法打开此类文件。

2. AI格式

AI是一种矢量图片格式，是Adobe公司的软件Illustrator的传统专用格式。它的兼容度比较高，可以在CorelDRAW2019中打开，也可以将CDR格式的文件导出为AI格式。

3. TIF（TIFF）格式

TIF是标签图像格式。TIF格式对色彩通道图像来说是最有用的格式，具有很强的可移植性，它可以用于PC机、Macintosh以及UNIX工作站三大平台，是这三大平台上使用最广泛的绘图格式。用TIF格式存储时，应考虑文件的大小，因为TIF格式的结构要比其他格式更大、更复杂。TIF格式支持24个通道，能存储多于4个通道的文件格式。TIF格式非常适合印刷和输出。

4. PSD格式

PSD格式是Photoshop软件自身的专用文件格式。PSD格式能够保存图像数据的细小部分，如图层、附加的遮膜通道等Photoshop对图像进行特殊处理的信息。在没有最终决定图像存储的格式前，最好先以PSD格式存储。另外，Photoshop打开和存储PSD格式的文件较其他格式更快。但PSD格式也有缺点，存储的图像文件特别大、占用空间多、通用性不强。

5. JPEG格式

JPEG是Joint Photographic Experts Group的首字母缩写词，译为联合图片专家组。JPEG格式既是Photoshop支持的一种文件格式，也是一种压缩方案。它是Macintosh上常用的一种存储类型。JPEG格式是压缩格式中的"佼佼者"，与TIF文件格式采用的LIW无损压缩相比，它的压缩比例更大。但它采用的有损失压缩会丢失部分数据。用户可以在存储前选择图像的最后质量，这就能控制数据的损失程度。

－ 补充要点 －

计算机应用程序相近之处

计算机应用程序（软件）的工作窗口分布都有相近之处，大多软件也与Windows系统指令相适应。使用同一个软件，达到一个目的或实现一种任务的方法也是多样的。既可以从多种渠道打开软件程序，也可以用多种方法来完成"拷贝"和"粘贴"。这些都体现着计算机程序的智能化，在学习过程中一定要举一反三，进行指令之间的运用比较，熟悉其功能和属性，从中选择合适、快捷的指令进行操作。

本章总结

本章主要介绍了CorelDRAW2019中文版的基本操作界面、文件的基本操作、页面布局的设置，以及图形图像的基础知识。通过本章的学习后，读者不仅能从新建文档到设置页面大小、标签、背景，以及插入、删除和重命名页面，还应能快速识别及找到菜单栏、工具栏及工具箱等操作界面中的各个工具，为后面的学习打好基本功。

课后练习

1. CorelDRAW2019中文版的菜单栏包含了哪几个主菜单？
2. 在CorelDRAW2019中文版的界面中怎样将绘图页面进行放大和缩小？
3. 如何在当前页面的后面插入一个新的页面并重命名此页面？
4. 在工具箱中怎样找到"艺术笔"工具？
5. CorelDRAW2019中文版常用的色彩模式有哪几种？
6. 在CorelDRAW2019中文版中新建一个宽度为200mm、高度为300mm的页面。

第二章
绘制基本图形

PPT 课件

教学视频

素材

学习难度：★ ★ ★ ☆ ☆
重点概念：绘制、编辑、使用

◀ **章节导读：**

　　使用CorelDRAW2019中文版的基本绘图工具可以绘制简单的几何图形。本章将详细介绍绘制几种常用基本图形的方法及技巧。通过本章的讲解和练习，可以让读者初步掌握CorelDRAW2019的基本绘图工具的特性，为今后绘制更复杂、更优质的图形打下坚实的基础。

第一节　绘制矩形

一、使用"矩形"工具绘制矩形

　　单击工具箱中的"矩形"工具，在绘图页面中按住鼠标左键不放，拖曳光标到需要的位置，松开鼠标，完成绘制（图2-1～图2-3）。

　　按Esc键，取消矩形的选取状态。选择"选择"工具，在矩形上单击鼠标左键，选择刚绘制好的矩形。按F6键，快速选择"矩形"工具，可在绘图页面中适当的位置绘制矩形。按住Ctrl键，可在绘图页面中绘制正方形。按住Shift键，可在绘图页面中以当前点为中心绘制矩形。按住Shift+Ctrl组合键，可在绘图页面中以当前点为中心绘制正方形。

图2-1　绘制矩形

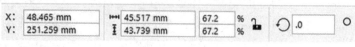

图2-2　属性栏

图2-3　矩形完成

二、使用"矩形"工具绘制圆角矩形

（1）在绘图页面中绘制一个矩形（图2-4）。

（2）在绘制矩形的属性栏中，如果先将"左/右边矩形的边角圆滑度"后的小锁图标选定，则改变"左/右边矩形的边角圆滑度"时，4个角的角圆滑度数值将进行相同的改变。

（3）设定"左/右边矩形的边角圆滑度"（图2-5）。

（4）按Enter键（图2-6）。

如果不选定小锁图标，则可以单独改变一个角的圆滑度数值（图2-7）。在绘制矩形的属性栏中，分别设定"左/右边矩形的边角圆滑度"，按Enter键，圆角设置如图2-8所示。如果要将圆角矩形还原为直角矩形，可以将圆角度数设定为"0"。

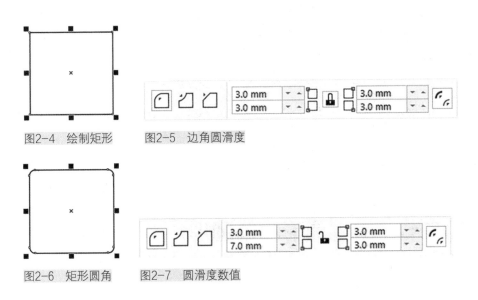

图2-4 绘制矩形　　图2-5 边角圆滑度

图2-6 矩形圆角　　图2-7 圆滑度数值

三、使用鼠标拖曳矩形节点绘制圆角矩形

（1）绘制一个矩形（图2-9）。

（2）按F10键，快速选择"形状"工具，选中矩形边角的节点。

（3）按住鼠标左键拖曳矩形边角的节点，可以改变边角的圆滑程度（图2-10）。

（4）松开鼠标左键，绘制完成（图2-11）。

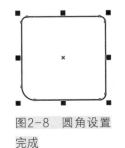    

图2-8 圆角设置　　图2-9 绘制矩形　　图2-10 选中矩形　　图2-11 圆角矩
完成　　　　　　　　　　　　　　　　边角的节点　　　　形绘制完成

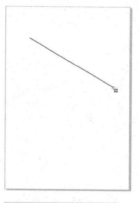 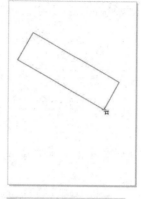 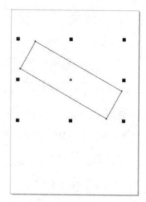

图2-12 开始绘制矩形　　图2-13 松开鼠标左键　　图2-14 单击鼠标左键完成

四、绘制任意角度放置的矩形

（1）选择"矩形"工具展开式工具栏中的"3点矩形"工具，在绘图页面中按住鼠标左键不放，拖曳光标到需要的位置，可绘制出一条任意方向的线段作为矩形的一条边（图2-12）。

（2）松开鼠标左键，再拖曳鼠标到需要的位置，即可确定矩形的另一条边（图2-13）。

（3）单击鼠标左键，有角度的矩形绘制完成（图2-14）。

第二节　绘制圆形和椭圆形

一、绘制圆形

（1）选择"椭圆形"工具，在绘图页面中按住Ctrl键，可以绘制圆形（图2-15）。

（2）选择"椭圆形"工具，在绘图页面中同时按住Shift+Ctrl组合键，可以当前点为中心绘制圆形。

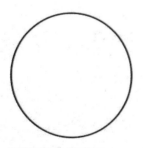

图2-15 绘制圆形

二、绘制椭圆形

（1）选择"椭圆形"工具，在绘图页面中按住鼠标左键不放，拖曳光标到需要的位置，松开鼠标左键，椭圆形绘制完成（图2-16、图2-17）。

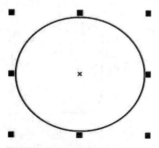

图2-16 绘制椭圆形

图2-17 椭圆属性栏

（2）按F7键，快速选择"椭圆形"工具，可在绘图页面中适当的位置绘制椭圆形。

（3）按住Shift键，可在绘图页面中以当前点为中心绘制椭圆形。

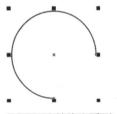

图2-21 椭圆形属性栏

三、使用"椭圆形"工具绘制饼形和弧形

绘制一个椭圆形（图2-18），单击椭圆形属性栏中的"饼图"按钮（图2-19），可将椭圆形转换为饼图（图2-20）。

单击椭圆形属性栏中的"弧"按钮，（图2-21），可将椭圆形转换为弧形（图2-22）。

在"起始和结束角度"中设置饼形和弧形起始角度和终止角度，按Enter键，可以获得饼形和弧形角度的精确值（图2-23～图2-26）。

四、拖曳椭圆形的节点来绘制饼形和弧形

（1）选择"椭圆形"工具，绘制一个椭圆形。

（2）按F10键，快速选择"形状"工具，单击轮廓线上的节点并按住鼠标左键不放（图2-27）。

（3）向椭圆内拖曳节点，松开鼠标左键，椭圆变成饼形（图2-28）。

（4）向椭圆外拖曳轮廓线上的节点，可使椭圆形变成弧形（图2-29）。

图2-22 转换为弧形

图2-23 设置参数（一）

图2-24 完成饼形（一）

图2-25 设置参数（二）

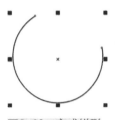

图2-26 完成饼形（二）

图2-27 选择形状工具

图2-18 绘制一个椭圆形

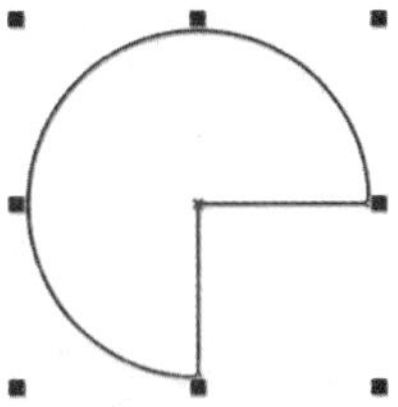

图2-20 转换为饼图

图2-28 椭圆变成饼形

图2-29 圆形变成弧形

图2-19 设置参数

图2-30 绘制线段

图2-31 确定椭圆形的形状

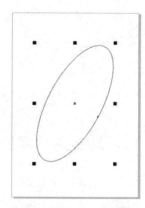

图2-32 椭圆形绘制完成

五、绘制任意角度放置的椭圆形

（1）选择"椭圆形"工具中展开式工具栏中的"3点椭圆形"工具，在绘图页面中按住鼠标左键不放，拖曳光标到需要的位置，可绘制一条任意方向的线段作为椭圆形的一个轴（图2-30）。

（2）松开鼠标左键，再拖曳鼠标到需要的位置，即可确定椭圆形的形状（图2-31）。

（3）单击鼠标左键，有角度的椭圆形绘制完成（图2-32）。

第三节　绘制星形和多边形

一、绘制星形

（1）选择"多边形"工具展开式工具栏中的"星形"工具，在绘图页面中按住鼠标左键不放，拖曳光标到需要的位置，松开鼠标左键，星形绘制完成（图2-33、图2-34）。

（2）设置"星形"属性栏中的"点数或边数"，按Enter键，星形绘制完成（图2-35）。

图2-33 绘制星形

图2-34 设置参数

图2-35 星形绘制完成

二、绘制多边形

（1）选择"多边形"工具，在绘图页面中按住
鼠标左键不放，拖曳光标到需要的位置，松开鼠标左
键，多边形绘制完成（图2-36、图2-37）。

（2）设置"多边形"属性栏中的"点数或边
数"，按Enter键（图2-38、图2-39）。

（3）绘制一个多边形，选择"形状"工具，单
击轮廓线上的节点并按住鼠标左键不放，向多边形内
或外拖曳轮廓线上的节点，可以将多边形改变为星形
（图2-40～图2-43）。

图2-38 设置参数

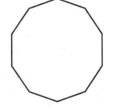

图2-39 多边形完成

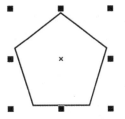

图2-40 绘制多边形

图2-41 单击轮廓线
上的节点

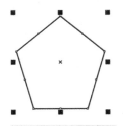

图2-36 绘制多边形

图2-37 设置参数

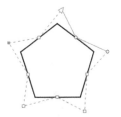

图2-42 拖曳节点

图2-43 改变为星形

第四节 绘制基本形状

一、绘制基本形状

（1）单击"基本形状"工具，在属性栏中单击
"完美形状"按钮，在弹出的面板中选择需要的基本
图形（图2-44）。

（2）在绘图页面中按住鼠标左键不放，从左上
角向右下角拖曳光标到需要的位置，松开鼠标左键，
基本图形绘制完成（图2-45）。

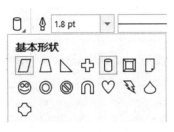

图2-44 基本形状工具

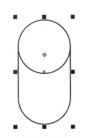

图2-45 绘
制形状

二、绘制箭头图

（1）单击"箭头形状"工具，在属性栏中单击"完美形状"按钮，在弹出的面板中选择需要的箭头图形（图2-46）。

（2）在绘图页面中按住鼠标左键不放，从左上角向右下角拖曳光标到需要的位置，松开鼠标左键，箭头图形绘制完成（图2-47）。

三、绘制流程图图形

（1）单击"流程图形状"工具，在属性栏中单击"完美形状"按钮，在弹出的面板中选择需要的流程图图形（图2-48）。

（2）在绘图页面中按住鼠标左键不放，从左上角向右下角拖曳光标到需要的位置，松开鼠标左键，流程图图形绘制完成（图2-49）。

四、绘制标题图形

（1）单击"标题形状"工具，在属性栏中单击"完美形状"按钮，在弹出的面板中选择需要的标题图形（图2-50）。

（2）在绘图页面中按住鼠标左键不放，从左上角向右下角拖曳光标到需要的位置，松开鼠标左键，标题图形绘制完成（图2-51）。

五、绘制标注图形

（1）单击"标注形状"工具，在属性栏中单击"完美形状"按钮，在弹出的面板中选择需要的标注图形（图2-52）。

（2）在绘图页面中按住鼠标左键不放，从左上角向右下角拖曳光标到需要的位置，松开鼠标左键，标注图形绘制完成（图2-53）。

六、调整基本形状

（1）绘制一个基本形状，单击要调整的基本图形的红色菱形符号，并按住鼠标左键不放将其拖曳到需要的位置（图2-54）。

（2）得到需要的形状后，松开鼠标左键，对形状进行调整（图2-55、图2-56）。

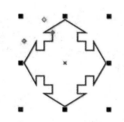

图2-46 箭头形状工具   图2-47 绘制形状

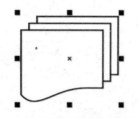

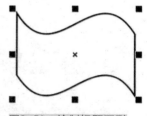

图2-48 流程图形状工具   图2-49 绘制标题图形   图2-50 标题形状工具   图2-51 绘制标题图形

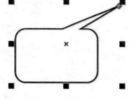

图2-52 标注形状工具   图2-53 绘制标注图形   图2-54 绘制基本形状   图2-55 调整基本形状   图2-56 调整完成

第五节　绘制螺旋形

一、绘制对称式螺旋

（1）选择"螺纹"工具，在绘图页面中按住鼠标左键不放。

（2）从左上角向右下角拖曳光标到需要的位置，松开鼠标左键，对称式螺旋线绘制完成（图2-57、图2-58）。

　　如果从右下角向左上角拖曳光标到需要的位置，可以绘制出反向的对称式螺旋线。在"圈数设置"框中可以重新设定螺旋线的圈数，绘制需要的螺旋线效果。

二、绘制对数螺旋

（1）选择"螺纹"工具，在属性栏中单击"对数螺纹"按钮。

（2）在绘图页面中按住鼠标左键不放，从左上角向右下角拖曳光标到需要的位置，松开鼠标左键，对数式螺旋线绘制完成（图2-59、图2-60）。

　　在"螺旋线扩展设置"框中可以重新设定螺旋线的扩展参数，将数值分别设定为80和20时，螺旋线向外扩展的幅度会逐渐变小。当数值为1时，将绘制出对称式螺旋线（图2-61~图2-64）。

　　按A键，选择"螺纹"工具，在绘图页面中适当的位置绘制螺旋线。按住Ctrl键，在绘图页面中绘制正圆螺旋线。按住Shift键，在绘图页面中会以当前点为中心绘制螺旋线。同时按住Shift+Ctrl组合键，在绘图页面中会以当前点为中心绘制正圆螺旋线。

图2-57　绘制对称式螺旋

图2-58　设置参数

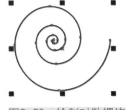

图2-59　绘制对数螺旋

图2-60　设置参数

图2-61
设置参数

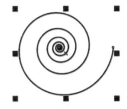

图2-62　螺旋形状变化

图2-63
设置参数

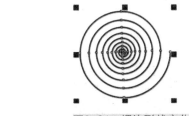

图2-64　螺旋形状变化

第六节　编辑对象

　　在CorelDRAW2019中，可以使用强大的图形对象编辑功能对图形对象进行编辑，其中包括对象的多种选取方式、对象的缩放、移动、镜像、复制和删除以及对象的调整。本节将讲解多种编辑图形对象的方法和技巧。

一、对象的选取

　　在CorelDRAW2019中，新建一个图形对象时，一般图形对象呈选取状态，在对象的周围出现圈选框，圈选框是由8个控制手柄组成的。对象的中心有一个"X"形的中心标记（图2-65）。

　　1. 用鼠标点选的方法选取对象

　　使用"选择"工具，在要选取的图形对象上单击鼠标左键，即可选取该对象。选取多个图形对象时，按住Shift键，依次单击选取的对象即可（图2-66）。

　　2. 用鼠标圈选的方法选取对象

　　（1）使用"选择"工具，在绘图页面中在要选取的图形对象外围单击鼠标左键并拖曳光标，拖曳后会出现一个蓝色的虚线圈选框（图2-67）。

　　（2）在圈选框完全圈选住对象后松开鼠标左键，被圈选的对象即处于选取状态（图2-68）。

图2-65　中心标记与控制手柄

图2-66　单击选取的对象

图2-67　选择工具

图2-68　对象处于选取状态

图2-69 虚线圈选框接触到的对象

图2-70 对象处于选取状态

（3）用圈选的方法可以同时选取一个或多个对象。

（4）在圈选的同时按住Alt键，蓝色的虚线圈选框接触到的对象都将被选取（图2-69、图2-70）。

3. 使用命令选取对象

选择"编辑→全选"子菜单下的各个命令来选取对象，按Ctrl+A组合键可以选取绘图页面中的全部对象。

－ 补充要点 －

选择的快捷键运用

当绘图页面中有多个对象时，按空格键快速选择"选择"工具，连续按Tab键，可以依次选择下一个对象。按住Shift键，再连续按Tab键，可以依次选择上一个对象。按住Ctrl键，用光标点选可以选取群组中的单个对象。

二、对象的缩放

1. 使用鼠标缩放对象

（1）使用"选择"工具，选取要缩放的对象，对象的周围出现控制手柄（图2-71）。

（2）用鼠标拖曳控制手柄可以缩放对象，拖曳对角线上的控制手柄可以按比例缩放对象，拖曳中间的控制手柄可以不按比例缩放对象（图2-72～图2-75）。

（3）拖曳对角线上的控制手柄时，按住Ctrl键，对象会以100%的比例缩放。同时按下Shift+Ctrl组合键，对象会以100%的比例从中心缩放。

2. 使用"自由变换"工具缩放对象

（1）使用"选择"工具，并选取要缩放的对象，对象的周围出现控制手柄（图2-76）。

（2）使用"选择"工具展开式工具栏中的"自由变换"工具，选中"自由缩放"按钮（图2-77）。

图2-71 选择图形

图2-72 拖曳放大

图2-73 拖曳缩小

图2-74 不按比例缩放

图2-75　缩放完成

图2-76　选择图形

图2-77　自由变换工具

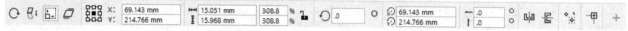
图2-78　属性栏

图2-79　自由变形放大

图2-80　自由变形缩小

图2-81　选择图形

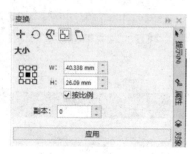
图2-82　变换选项

图2-83　设置参数　　　图2-84　变换选项

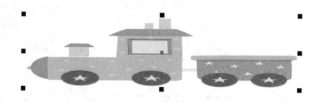
图2-85　图形变形

（3）在"自由变形"属性栏中的"对象的大小"中，输入对象的宽度和高度。如果选择了"缩放因子"中的锁按钮，则宽度和高度将按比例缩放，只要改变宽度和高度中的一个值，另一个值就会自动按比例调整（图2-78）。

（4）在"自由变形"属性栏中调整好宽度和高度后，按Enter键，完成对象的缩放（图2-79、图2-80）。

3. 使用"变换"泊坞窗缩放对象

（1）使用"选择"工具，选取要缩放的对象（图2-81）。

（2）选择"窗口→泊坞窗→变换→大小"命令，或按Alt+F10组合键，弹出"变换"泊坞窗。其中，"x"表示宽度，"y"表示高度。如不勾选"按比例"复选框，就可以不按比例缩放对象（图2-82、图2-83）。

在"变换"泊坞窗中，可供选择的圈选框中控制手柄有8个点的位置，单击一个按钮以定义一个在缩放对象时保持固定不动的点，缩放的对象将基于这个点进行缩放，这个点可以决定缩放后的图形与原图形的相对位置。

设置好需要的数值，单击"应用"按钮，对象的缩放完成。单击"应用到再制"按钮，可以复制生成多个缩放好的对象（图2-84、图2-85）。

选择"窗口→泊坞窗→变换→比例"命令，或按Alt+F9组合键，在弹出的"变换"泊坞窗中可以对对象进行缩放。

三、对象的移动

1. 使用工具和键盘移动对象

（1）使用"选择"工具，选取要移动的对象（图2-86）。

（2）使用"选择"工具或其他的绘图工具，将鼠标的光标移到对象的中心控制点，光标将变为十字箭头形。按住鼠标左键不放，拖曳对象到需要的位置，松开鼠标左键，完成对象的移动（图2-87）。

（3）选取要移动的对象，用键盘上的方向键可以微调对象的位置，系统使用默认值时，对象将以0.1in（25.4mm）的增量移动。

（4）使用"选择"工具后不选取任何对象，在属性栏中的微调框中可以重新设定每次微调移动的距离。

2. 使用属性栏移动对象

选取要移动的对象，在属性栏的"对象的位置"框中输入对象要移动到的新位置的横坐标和纵坐标，可移动对象。

3. 使用"变换"泊坞窗移动对象

（1）选取要移动的对象，选择"窗口→泊坞窗→变换→位置"命令，或按Alt+F7组合键（图2-88）。

（2）将弹出"变换"泊坞窗，"x"表示对象所在位置的横坐标，"y"表示对象所在位置的纵坐标。如选中"相对位置"复选框，对象将相对于原位置的中心进行移动（图2-89）。

（3）设置好后，单击"应用"按钮或按Enter键，完成对象的移动（图2-90、图2-91）。

（4）设置好数值后，在"副本"选项中输入数值1，可以在移动的新位置复制生成一个新的对象。

四、对象的镜像

镜像效果经常被应用到设计作品中。在CorelDRAW 2019中，可以使用多种方法使对象沿水平、垂直或对角线的方向做镜像翻转。

1. 使用鼠标镜像对象

（1）选取镜像对象，按住鼠标左键直接拖曳控

图2-86 选择图形

图2-87 移动图形

图2-88 选择图形

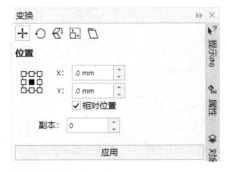
图2-89 变换选项

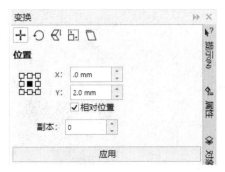
图2-90 设置参数

图2-91 移动图形

制手柄到相对的边，直到显示对象的蓝色虚线框（图2-92~图2-94）。

（2）松开鼠标左键就可以得到不规则的镜像对象（图2-95）。按住Ctrl键，直接拖曳左边或右边中间的控制手柄到相对的边，可以完成保持原对象比例的水平镜像（图2-96）。按住Ctrl键，直接拖曳上边或下边中间的控制手柄到相对的边，可以完成保持原对象比例的垂直镜像（图2-97）。按住Ctrl键，直接拖曳边角上的控制手柄到相对的边，可以完成保持原对象比例的沿对角线方向的镜像（图2-98）。

2. 使用属性栏镜像对象

使用"选择"工具，选取要镜像的对象（图2-99）。

图2-92 选取对象

图2-93 左键拖曳

图2-94 显示蓝色虚线框

图2-95 选取对象

图2-96 水平镜像

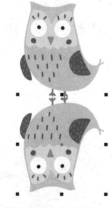
图2-97 垂直镜像

图2-98 对角线镜像

图2-99 选取对象

单击属性栏中的"水平镜像"按钮，可以使对象沿水平方向做镜像翻转。单击"垂直镜像"按钮（图2-100），可以使对象沿垂直方向做镜像翻转（图2-101）。

3. 使用"变换"泊坞窗镜像对象

（1）使用"选择"工具，选取要镜像的对象（图2-102）。

（2）选择"窗口→泊坞窗→变换→缩放和镜像"命令，或按Alt+F9组合键，弹出"变换"泊坞窗，单击"水平镜像"按钮，可以使对象沿水平方向做镜像翻转。单击"垂直镜像"按钮，可以使对象沿垂直方向做镜像翻转（图2-103）。

（3）设置好需要的数值，单击"应用"按钮即可看到镜像效果。还可以设置产生一个变形的镜像对象。在"变换"泊坞窗进行参数设定（图2-104）。设置好后，单击"应用到再制"按钮，即可生成一个变形的镜像对象（图2-105）。

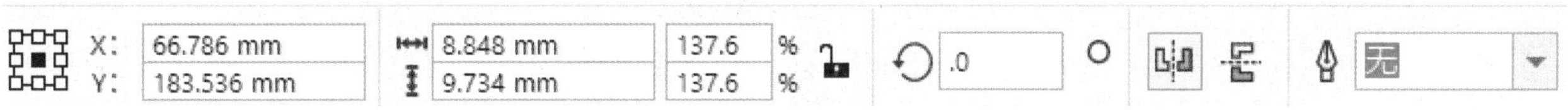

| | X: | 66.786 mm | | 8.848 mm | 137.6 % | | | .0 | | | | | 无 |
| | Y: | 183.536 mm | | 9.734 mm | 137.6 % | | | | | | | | |

图2-100 属性栏

图2-101 镜像翻转

图2-102 选取对象

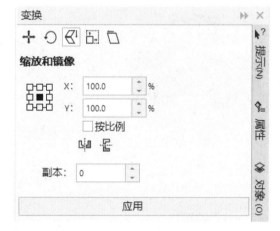

图2-103 变换选项

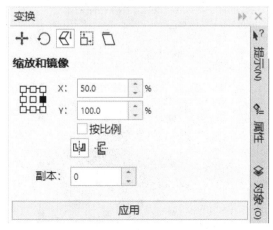

图2-104 设置参数

图2-105 变形镜像

五、对象的旋转

1. 使用鼠标旋转对象

（1）使用"选择"工具，选取要旋转的对象（图2-106）。

（2）当对象的周围出现控制手柄，再次单击对象，这时对象的周围会出现"旋转"和"倾斜"控制手柄（图2-107）。

（3）将鼠标的光标移到旋转控制手柄上，这时的光标变为旋转符号（图2-108）。

（4）按住鼠标左键，拖曳鼠标旋转对象，旋转时对象会出现蓝色的虚线框指示旋转方向和角度（图2-109）。旋转到需要的角度后，松开鼠标左键，完成对象的旋转（图2-110）。

对象是围绕旋转中心旋转的，默认的旋转中心是对象的中心点，将鼠标指针移动到旋转中心上，按住鼠标左键拖曳旋转中心到需要的位置，松开鼠标左键，完成对旋转中心的移动。

2. 使用属性栏旋转对象

（1）使用"选择"工具，选取要旋转的对象（图2-111）。

（2）使用"选择"工具，在属性栏中的"旋转角度"文本框中输入旋转的角度数值，按Enter键完成旋转（图2-112、图2-113）。

3. 使用"变换"泊坞窗旋转对象

（1）使用"选择"工具，选取要旋转的对象（图2-114）。

（2）选择"窗口→泊坞窗→变换→旋转"命令，

图2-106　选取对象

图2-107　控制手柄

图2-108　选择手柄

图2-109　旋转手柄

图2-110　旋转对象

图2-111　选取对象

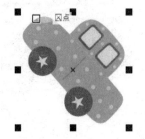
图2-113　完成旋转

图2-114　选取对象

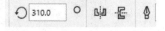
图2-112　设置参数

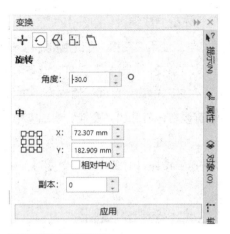

图2-115　变换选项　　　　　　图2-116　设置参数　　　　　　图2-117　完成旋转

或按Alt+F8组合键，弹出"变换"泊坞窗。也可以在已打开的"变换"泊坞窗中单击"旋转"按钮（图2-115）。

（3）在"变换"泊坞窗的"旋转"设置区的"角度"选项框中直接输入旋转的角度数值，旋转角度数值可以是正值也可以是负值（图2-116）。

（4）在"中心"选项的设置区中输入旋转中心的坐标位置。选中"相对中心"复选框，对象的旋转将以选中的旋转中心旋转，设置完成后，单击"应用"按钮完成旋转（图2-117）。

六、对象的倾斜变形

1. 使用鼠标倾斜变形对象

（1）选取要倾斜变形的对象，对象的周围出现控制手柄（图2-118）。

（2）再次单击对象，这时对象的周围出现"旋转"和"倾斜"控制手柄。将鼠标的光标移动到"倾斜"控制手柄上，光标变为倾斜符号（图2-119）。

（3）按住鼠标左键，拖曳鼠标变形对象，倾斜变形时对象会出现蓝色的虚线框指示倾斜变形的方向和角度（图2-120）。倾斜到需要的角度后，松开

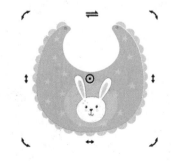

图2-118　选取对象　　　　　　图2-119　显示手柄　　　　　　图2-120　拉伸倾斜手柄

图2-121 完成倾斜变形

图2-122 选取对象

鼠标左键完成编辑（图2-121）。

2. 使用"变换"泊坞窗倾斜变形对象

（1）使用"选择"工具，选取倾斜变形对象（图2-122）。

（2）选择"窗口→泊坞窗→变换→倾斜"命令，弹出"变换"泊坞窗。也可以在已打开的"变换"泊坞窗中单击"倾斜"按钮（图2-123）。

（3）在"变换"泊坞窗中设定倾斜变形对象的数值，（图2-124）。单击"应用"按钮，对象产生倾斜变形（图2-125）。

七、对象的复制

1. 使用命令复制对象

（1）使用"选择"工具，选取要复制的对象（图2-126）。

（2）选择"编辑→复制"命令，或按Ctrl+C组合键，对象的副本将被放置在剪贴板中。

（3）选择"编辑→粘贴"命令，或按Ctrl+V组合键，对象的副本被粘贴到原对象的下面，位置和原对象是相同的（图2-127）。

（4）用鼠标移动对象，可以显示复制的对象（图2-128）。

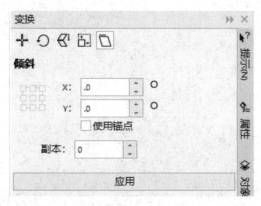

图2-123 变换选项

图2-125 完成倾斜变形

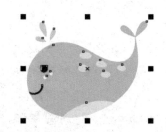

图2-126 选取对象

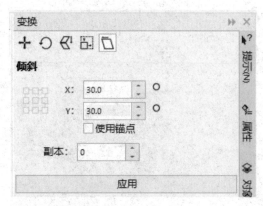

图2-124 设置参数

图2-127 复制

图2-128 移动对象

2. 使用鼠标拖曳方式复制对象

（1）使用"选择"工具，选取要复制的对象（图2-129）。

（2）将鼠标指针移动到对象的中心点上，光标变为移动光标（图2-130）。

（3）按住鼠标左键拖曳对象到需要的位置，在位置合适后单击鼠标右键，对象的复制完成（图2-131）。

还可选取要复制的对象，用鼠标右键单击并拖曳对象到需要的位置，松开鼠标右键，在弹出的快捷菜单中选择"复制"命令，来完成对象的复制（图2-132）。另外，使用"选择"工具选取要复制的对象，在数字键盘上按"+"键，也可以快速复制对象。

3. 使用命令复制对象属性

（1）使用"选择"工具，选取要复制属性的对象（图2-133）。

（2）选择"编辑→复制属性自"命令，弹出"复制属性"对话框，在对话框中勾选"填充"复选框（图2-134）。

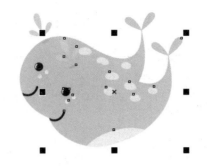

图2-131　复制对象

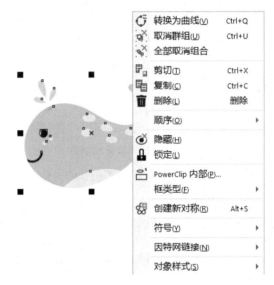

图2-132　完成对象的复制

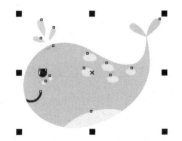

图2-129　选取对象

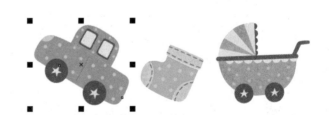

图2-133　选取对象

图2-130　光标变为移动光标

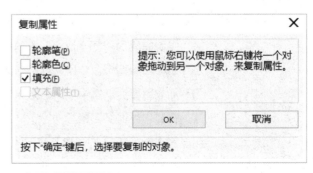

图2-134　设置填充

图2-135　光标显示为黑色箭头

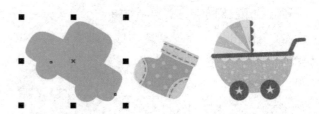

图2-136　属性复制

（3）单击"确定"按钮，鼠标光标显示为黑色箭头（图2-135）。在要复制其属性的对象上单击，对象的属性复制完成（图2-136）。

八、对象的删除

在CorelDRAW2019中文版中，可以方便快捷地删除对象，下面介绍如何删除不需要的对象。

（1）使用"选择"工具，选取要删除的对象。

（2）选择"编辑→删除"命令或按Delete键，即可将选取的对象删除（图2-137）。

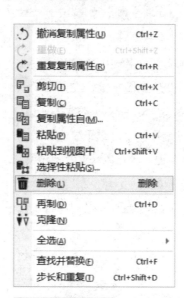

图2-137　删除命令

撤消复制属性(U)	Ctrl+Z	
重做(E)	Ctrl+Shift+Z	
重复复制属性(R)	Ctrl+R	
剪切(T)	Ctrl+X	
复制(C)	Ctrl+C	
复制属性自(M)		
粘贴(P)	Ctrl+V	
粘贴到视图中	Ctrl+Shift+V	
选择性粘贴(S)...		
删除(L)	删除	
再制(D)	Ctrl+D	
克隆(N)		
全选(A)	▶	
查找并替换(F)	Ctrl+F	
步长和重复(T)	Ctrl+Shift+D	

本章总结

本章介绍了CorelDRAW2019中文版的基本工具的功能和使用方法，通过本章的学习，读者可以完成一些基本形状的绘制和编辑。学习这些工具的最终目的是为了融会贯通、熟练运用这些工具，因此，要求读者能结合这些工具的功能，完成一些简单的创意图形绘制。

课后练习

1. 在CroreDRAW2019中文版中的工具箱可以直接找到工具绘制"3点矩形"吗？"3点矩形"和"矩形"有什么不同？

2. 用"椭圆形"工具绘制圆形有哪几种方法？

3. 怎样将绘制完成的椭圆形转换为弧形并设置弧形的角度？

4. 绘制完成的"基本形状"中的红色菱形符号有什么作用？

5. 想要在绘图页面中同时选择多个对象有哪些方法？

6. 如果想要达到水中倒影的效果，需要同时用到哪几个工具来完成？

7. 在工作界面练习鼠标的缩放功能，并使用快捷键对图形进行自由缩放。

8. 使用矩形工具、圆形工具、多边形工具及镜像、旋转工具，设计并绘制一张简单的中秋贺卡。

第三章
绘制复杂线条轮廓

PPT 课件　　教学视频　　素材

学习难度：★★★★☆
重点概念：曲线、工具、修改、造型

◁ **章节导读：**

　　上一章我们学习了在CorelDRAW2019中文版中绘制基本的图形，而这些基本图形都是由直线和曲线构成的。在本章中，我们将继续学习如何运用工具箱中的工具进行曲线的绘制，同时在绘制完成后如何进行曲线的编辑、修改、和造型等，制作出复杂多变的图形效果。

　　曲线是矢量图形的组成部分。可以使用绘图工具绘制曲线，也可以将任何的矩形、多边形、椭圆以及文本对象转换成曲线。下面介绍曲线的节点、线段、控制线和控制点等概念。

　　1. 节点

　　节点是构成曲线的基本要素，可以通过定位、调整节点、调整节点上的控制点来绘制和改变曲线的形状。通过在曲线上增加和删除节点使曲线的绘制更简便。通过转换节点的性质，可以将直线和曲线的节点相互转换，使直线段转换为曲线段或曲线段转换为直线段。

　　2. 线段

　　线段指两个节点之间的部分。线段包括直线段和曲线段，直线段在转换成曲线段后，可以进行曲线特性的操作。

　　3. 控制线

　　在绘制曲线的过程中，节点的两端会出现蓝色的虚线。选择"形状"工具，在已绘制好的曲线的节点上单击鼠标左键，节点的两端会出现控制线。

第一节　贝塞尔工具绘制曲线

　　"贝塞尔"工具可以绘制平滑、精确的曲线。可以通过确定节点和改变控制点的位置来控制曲线的弯曲度。可以使用节点和控制点对绘制完的直线或曲线进行精确地调整。

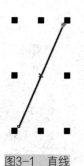

图3-1 直线

图3-2 多个折角的折线

图3-3 折线删除节点

一、绘制直线和折线

（1）选择"贝塞尔"工具。

（2）在绘图页面中单击鼠标左键以确定直线的起点，拖曳鼠标指针到需要的位置，再单击鼠标左键以确定直线的终点，绘制出一段直线（图3-1）。只要确定下一个节点，就可以绘制出折线的效果，如果想绘制出多个折角的折线，只要继续确定节点即可（图3-2）。用形状工具框选节点，点击键盘"delete"键，将删除这个节点，折线的另外两个节点将自动连接（图3-3）。

二、绘制曲线

（1）选择"贝塞尔"工具。

（2）在绘图页面中按住鼠标左键并拖曳光标以确定曲线的起点，松开鼠标左键，这时该节点的两边出现控制线和控制点（图3-4）。

（3）将鼠标的光标移到需要的位置单击并按住鼠标左键，在两个节点间出现一条曲线段，拖曳鼠标，第2个节点的两边出现控制线和控制点，控制线和控制点会随着光标的移动而变化，曲线的形状也会随之变化，调整到需要的效果后松开鼠标左键（图3-5）。

（4）在下一个需要的位置单击鼠标左键后，将出现一条连续的平滑曲线（图3-6）。用"形状"工具在第2个节点处单击鼠标左键，出现控制线和控制点（图3-7）。

图3-4 曲线起点

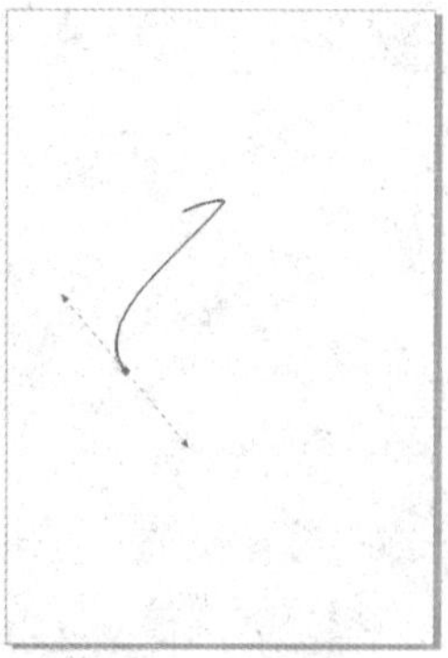

图3-5 第二个节点

图3-6 平滑曲线

图3-7 控制线和控制点

- 补充要点 -

节点控制

　　当确定一个节点后，在这个节点上双击，再单击确定下一个节点后出现直线。当确定一个节点后，在这个节点上双击鼠标左键，再单击确定下一个节点并拖曳这个节点后出现曲线。

第二节　艺术笔工具绘制曲线

　　在CorelDRAW2019中，使用"艺术笔"工具可以绘制多种精美的线条和图形，可以模仿画笔的真实效果，在画面中产生丰富的变化，通过使用"艺术笔"工具可以绘制不同风格的设计作品。

　　选择"艺术笔"工具，出现的"属性栏"中包含了5种模式，分别是："预设"模式、"笔刷"模式、"喷涂"模式、"书法"模式和"压力"模式（图3-8）。

一、预设模式

　　预设模式提供了多种线条类型，并且可以改变曲线的宽度。

　　（1）单击属性栏的"预设笔触"右侧的按钮，弹出其下拉列表，在线条列表框中单击选择需要的线条类型（图3-9）。

　　（2）单击属性栏中的"手绘平滑"设置区，弹出滑动条，拖曳滑动条或输入数值可以调节绘图时线条的平滑程度。

　　（3）在"笔触宽度"框中输入数值可以设置曲线的宽度。选择"预设"模式和线条类型后，在绘图页面中按住鼠标左键并拖曳光标，可以绘制出封闭的线条图形。

图3-8　艺术笔属性栏

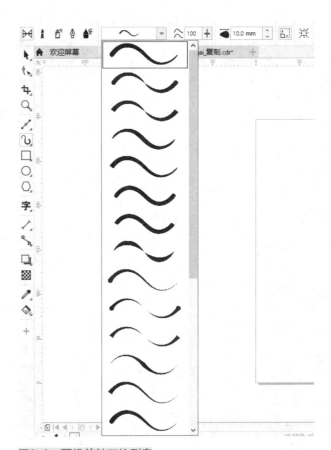

图3-9　预设笔触下拉列表

二、笔刷模式

笔刷模式提供了多种颜色样式的画笔，将画笔运用在绘制的曲线上，可以绘制出漂亮的效果。

（1）在属性栏中单击"笔刷"模式按钮，单击属性栏的"笔刷笔触"右侧的按钮，弹出其下拉列表（图3-10）。

（2）在列表框中单击选择需要的笔刷类型，在页面中按住鼠标左键并拖曳光标，绘制出所需要的图形。

三、喷涂模式

喷涂模式提供了多种有趣的图形对象，这些图形对象可以应用在绘制的曲线上。可以在属性栏的"喷涂列表文件列表"下拉列表框中选择喷雾的形状来绘制需要的图形。

（1）在属性栏中单击"喷涂"模式按钮（图3-11）。

（2）单击属性栏中"喷射图样"右侧的按钮，弹出其下拉列表，在列表框中单击选择需要的喷涂

类型（图3-12）。

（3）单击属性栏中"选择喷涂顺序"右侧的按钮，弹出下拉列表，可以选择喷出图形的顺序。选择"随机"选项，喷出的图形将会随机分布。选择"顺序"选项，喷出的图形将会以方形区域分布。选择"按方向"选项，喷出的图形将会随光标拖曳的路径分布。

（4）在页面中按住鼠标左键并拖曳光标，绘制需要的图形。

四、书法模式

书法模式可以绘制类似书法笔触的效果，可以改变曲线的粗细。

（1）在属性栏中单击"书法"模式按钮（图3-13）。

（2）在属性栏的"书法的角度"选项中，可以设置"笔触"和"笔尖"的角度。如果角度值设为0°，书法笔垂直方向画出的线条最粗，笔尖是水平的。如果角度值设置为90°，书法笔水平方向画出的线条最粗，笔尖是垂直的。

（3）在绘图页面中按住鼠标左键并拖曳光标绘制图形。

五、表达式模式

表达式模式可以用压力感应笔或键盘输入的方式改变线条的粗细，应用好这个功能可以绘制出特殊的图形效果（图3-14）。

（1）在属性栏的"预置笔触列表"模式中选择需要的画笔。

（2）单击"表达式"模式按钮，在"表达式"模式中设置好压力感应笔的平滑度和画笔的宽度。

（3）在绘图页面中按住鼠标左键并拖曳光标绘制图形。

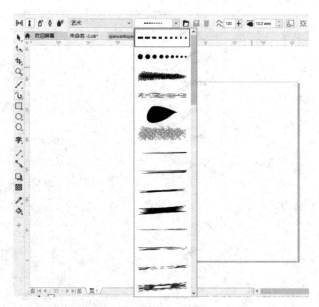

图3-10　笔刷笔触下拉列表

图3-11　"喷涂"模式属性栏

图3-12 喷射图样下拉列表

图3-13 "书法"模式属性栏

图3-14 "表达式"模式属性栏

第三节 钢笔工具绘制曲线

钢笔工具可以绘制出多种精美的曲线和图形,还可以对已绘制的曲线和图形进行编辑和修改。在CorelDRAW2019中绘制的各种复杂图形都可以通过钢笔工具来完成。

一、绘制直线和折线

（1）选择"钢笔"工具，在绘图页面中单击鼠标左键以确定直线的起点。

（2）拖曳鼠标指针到需要的位置，再单击鼠标左键以确定直线的终点，绘制出一段直线（图3-15）。

（3）继续单击鼠标左键确定下一个节点，就可以绘制出折线的效果，如果想绘制多个折角的折线，只要继续单击鼠标左键确定节点就可以了。

（4）结束绘制，按Esc键或单击"钢笔"工具即可（图3-16）。

二、绘制曲线

（1）选择"钢笔"工具，在绘图页面中单击鼠标左键以确定曲线的起点（图3-17）。

（2）松开鼠标左键，将鼠标的光标移到需要的位置再单击并按住鼠标左键不动，在两个节点间出现一条直线段（图3-18）。

（3）拖曳鼠标，第二个节点的两边出现控制线和控制点，控制线和控制点会随着光标的移动而变化，直线段变为曲线的形状（图3-19）。

（4）调整到需要的效果后松开鼠标左键，使用相同的方法可以对曲线继续绘制（图3-20、图3-21）。

如果想在绘制曲线后绘制直线，按住C键，在要继续绘制出直线的节点上按住鼠标左键并拖曳光标，这时出现节点的控制点。松开C键，将控制点拖曳到下一个节点的位置（图3-22）。松开鼠标左键，再单击鼠标左键，可以绘制出一段直线（图3-23）。

三、编辑曲线

（1）在"钢笔"工具属性栏中选择"自动添加或删除节点"按钮，曲线绘制的过程变为自动添加或删除节点模式。

（2）将"钢笔"工具的光标移到节点上，光标变为"删除节点"图标（图3-24）。单击鼠标左键可以删除节点（图3-25）。

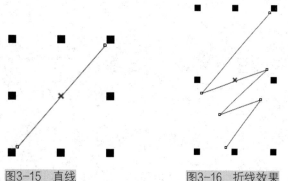

图3-15 直线　　　　　　图3-16 折线效果

图3-17 曲线起点

图3-18 第二个节点

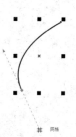

图3-19 第二个节点

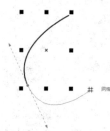

图3-20 调整曲线

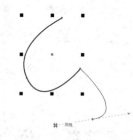

图3-21 继续绘制

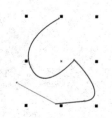

图3-22 拖曳光标

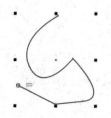

图3-23 绘制直线

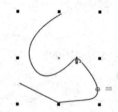

图3-24 "删除节点"图标

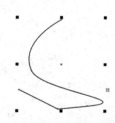

图3-25 删除节点

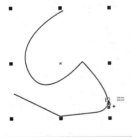

图3-26 "添加节点"图标

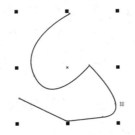

图3-27 添加节点

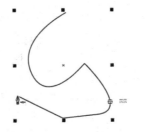

图3-28 "闭合曲线"图标

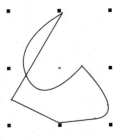

图3-29 闭合曲线

（3）将"钢笔"工具的光标移到曲线上，光标变为"添加节点"图标（图3-26）。单击鼠标左键可以添加节点（图3-27）。

（4）将"钢笔"工具的光标移到曲线的起始点，光标变为"闭合曲线"图标（图3-28）。单击鼠标左键可以闭合曲线（图3-29）。

第四节　编辑对象

一、编辑曲线的节点

节点是构成图形对象的基本要素，用"形状"工具选择曲线或图形对象后，会显示曲线或图形的全部节点。通过移动节点和节点的控制点、控制线可以编辑曲线或图形的形状，还可以通过增加和删除节点来进一步编辑曲线或图形。

绘制一条曲线，（图3-30），使用"形状"工具，单击选中曲线上的节点（图3-31）。

1. 节点种类

在属性栏中有3种节点类型：尖突节点、平滑节点和对称节点。节点类型的不同决定了节点控制点的属性也不同，单击属性栏中的按钮可以转换3种节点的类型（图3-32）。

（1）尖突节点。尖突节点的控制点是独立的，当移动一个控制点时，另一个控制点并不移动，从而使得通过尖突节点的曲线能够尖突弯曲。

（2）平滑节点。平滑节点的控制点之间是相关的，当移动一个控制点时，另一个控制点也会随之移动，通过平滑节点连接的线段将产生平滑的过渡。

（3）对称节点。对称节点的控制点不仅是相关的，而且控制点和控制线

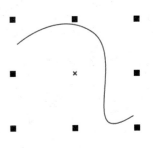

图3-30 曲线

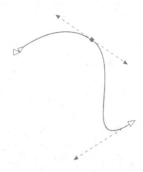

图3-31 选中节点

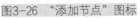

图3-32 曲线属性栏

图3-33 绘制图形

图3-34 选取节点

图3-35 拖曳节点

图3-36 移动完成

图3-37 拖曳控制点

图3-38 移动完成

图3-39 圈选节点

图3-40 拖曳节点

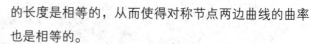
的长度是相等的，从而使得对称节点两边曲线的曲率也是相等的。

2. 选取并移动节点

（1）绘制一个图形（图3-33）。

（2）选择"形状"工具，单击鼠标左键选取节点（图3-34）。

（3）按住鼠标左键拖曳鼠标，节点被移动（图3-35、图3-36）。

（4）使用"形状"工具选中并拖曳节点上的控制点（图3-37、图3-38）。

（5）使用"形状"工具圈选图形上的部分节点（图3-39）。拖曳任意一个被选中的节点，其他被选中的节点也会随之移动（图3-40）。

3. 增加或删除节点

（1）绘制一个图形（图3-41）。

（2）使用"形状"工具选择需要增加和删除节点的曲线（图3-42）。

（3）在曲线上要增加节点的位置双击鼠标左键，可以在这个位置增加一个节点（图3-43）。

（4）单击属性栏中的"添加节点"按钮盘，也可以在曲线上增加节点。

（5）将鼠标的光标左键双击，可以删除这个节点，选中要删除的节点（图3-44），单击属性栏中的"删除节点"按钮盘，也可以在曲线上删除选中的节点（图3-45）。

图3-41 绘制图形

图3-42 选择曲线

图3-43 增加节点

图3-44 选中节点

图3-45 删除节点

删除多个节点

如果需要在曲线和图形中删除多个节点,可以先按住Shift键,再用鼠标选择要删除的多个节点,选择好后按Delete键就可以了。当然也可以使用圈选的方法选择需要删除的多个节点,选择好后按Delete键即可。

4. 合并和连接节点

(1)使用"形状"工具圈选两个需要合并的节点(图3-46)。

(2)两个节点被选中,单击属性栏中的"连接两个节点"按钮,(图3-47)。将节点合并,使曲线成为闭合的曲线(图3-48)。

(3)使用"形状"工具圈选两个需要连接的节点,单击属性栏中的"闭和曲线"按钮,可以将两个节点以直线连接,使曲线成为闭合的曲线(图3-49)。

5. 断开节点

(1)在曲线中要断开的节点上单击鼠标左键,选中该节点(图3-50)。

(2)单击属性栏中的"断开曲线"按钮,断开节点(图3-51)。

(3)使用"选择"工具,选择并移动曲线,曲线的节点被断开,曲线变为两条(图3-52)。

二、编辑曲线的轮廓和端点

通过属性栏可以设置一条曲线的端点和轮廓的样式,这项功能可以帮助用户制作出非常实用的效果。

(1)绘制一条曲线,再用"选择"工具选择这条曲线(图3-53)。

(2)在属性栏中单击"轮廓宽度"右侧的按钮,弹出"轮廓宽度"的下拉列表,在其中进行选择(图3-54),也可以在"轮廓宽度"框中输入数值后,按

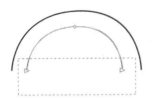

图3-46 圈选节点

图3-47 被选中的节点

图3-48 节点连接

图3-49 闭合的曲线

图3-50 选中节点

图3-51 断开节点

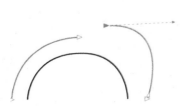

图3-52 变为两条曲线

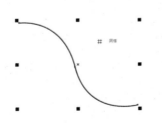

图3-53 绘制曲线

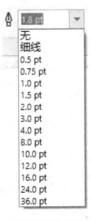

图3-54 "轮廓宽度"
下拉列表

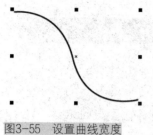

图3-55 设置曲线宽度

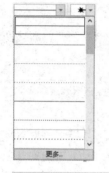

图3-56 "起始箭头"下拉列表

Enter键,设置曲线宽度(图3-55)。

(3)在属性栏中有3个可供选择的下拉列表按钮,按从左到右的顺序分别是"起始箭头""轮廓样式""终止箭头"。单击"起始箭头"上的黑色三角按钮,弹出"起始箭头"下拉列表框(图3-56)。

(4)单击需要的箭头样式,在曲线的起始点会出现选择的箭头(图3-57)。

(5)单击"轮廓样式"圈上的黑色三角按钮,弹出"轮廓样式"下拉列表框(图3-58)。

(6)单击需要的轮廓样式,曲线的样式被改变(图3-59)。

(7)单击"终止箭头"上的黑色三角按钮,弹出"终止箭头"下拉列表框(图3-60)。

(8)单击需要的箭头样式,在曲线的终止点会出现选择的箭头(图3-61)。

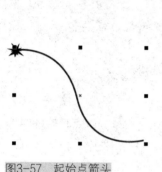

图3-57 起始点箭头

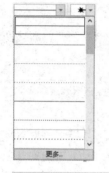

图3-58 "轮廓样式"下拉列表

三、编辑和修改几何图形

使用矩形、椭圆形和多边形工具绘制的图形都是简单的几何图形。这类图形有其特殊的属性,图形上的节点比较少,只能对其进行简单的编辑。如果想对其进行更复杂的编辑,就需要将简单的几何图形转换为曲线。

1. 使用"转换为曲线"按钮

(1)使用"椭圆形"工具绘制一个椭圆形(图3-62)。

(2)在属性栏中单击"转换为曲线"按钮,将椭圆图形转换为曲线图形,在曲线图形上增加了多个节点(图3-63)。

(3)使用"形状"工具拖曳椭圆形上的节点(图3-64)。

(4)松开鼠标左键,编辑完成(图3-65)。

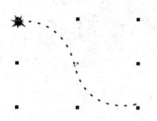

图3-59 改变曲线样式

图3-60 "终止箭头"下拉列表

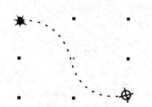

图3-61 终止点箭头

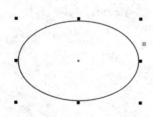

图3-62 椭圆

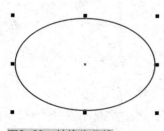

图3-63 转换为曲线

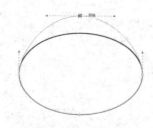

图3-64 拖曳节点

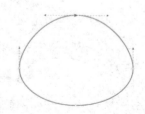

图3-65 编辑完成

2. 使用"转换直线为曲线"按钮

（1）使用"多边形"工具绘制一个多边形（图3-66）。

（2）选择"形状"工具，单击需要选中的节点（图3-67）。

（3）单击属性栏中的"转换直线为曲线"按钮，将线段转换为曲线，在曲线上出现节点，图形的对称性将保持（图3-68）。

（4）使用"形状"工具拖曳节点调整图形（图3-69、图3-70）。

3. 裁切图形

使用"刻刀"工具可以对单一的图形对象进行裁切，使一个图形被裁切成两个部分。

（1）选择"刻刀"工具，鼠标的光标变为刻刀形状。

（2）将光标放到图形上准备裁切的起点位置，光标变为竖直形状后单击鼠标左键（图3-71）。

（3）移动光标会出现一条裁切线，将鼠标的光标放在裁切的终点位置后单击鼠标左键（图3-72）。

（4）使用"选择"工具，拖曳裁切后的图形，裁切的图形被分成两部分（图3-73）。

在裁切前单击"保留为一个对象"按钮，在图形被裁切后，裁切的两部分还属于一个图形对象。若不单击此按钮，在裁切后可以得到两个相互独立的图形。按Ctrl+K组合键，可以拆分切割后的曲线。

单击"裁切时自动闭合"按钮，在图形被裁切后，裁切的两部分将自动生成闭合的曲线图形，并保留其填充的属性。若不单击此按钮，在图形被裁切后，裁切的两部分将不会自动闭合，同时图形会失去填充属性。

4. 擦除图形

使用"橡皮擦"工具可以擦除图形的部分或全部，并可以将擦除后图形的剩余部分自动闭合。橡皮擦工具只能对单一的图形对象进行擦除。

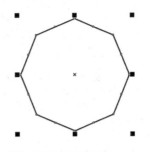
图3-66　绘制多边形

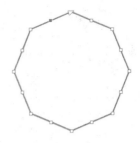
图3-67　选中节点

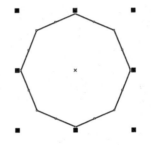
图3-68　线段转为曲线

图3-69　拖曳节点

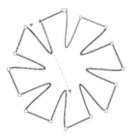
图3-70　调整完成

图3-71　图形

图3-72　裁切线

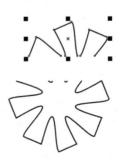
图3-73　被分开的图形

图3-74 图形

图3-75 拖曳鼠标

图3-76 擦除图形

图3-77 橡皮擦属性栏

图3-78 涂抹笔刷工具

图3-80 图形

图3-79 粗糙笔刷工具

图3-81 涂抹效果

图3-82 粗糙效果

（1）绘制一个图形，选择"橡皮擦"工具，鼠标的光标变为擦除工具图标（图3-74）。

（2）单击并按住鼠标左键，拖曳鼠标可以擦除图形（图3-75、图3-76）。

"橡皮擦厚度"可以设置擦除的宽度；单击"减少节点"按钮可以在擦除时自动平滑边缘；单击"橡皮擦形状"按钮可以转换橡皮擦的形状为方形或圆形擦除图形（图3-77）。

5. 修饰图形

使用"涂抹笔刷"工具（图3-78）和"粗糙笔刷"工具（图3-79），可以修饰已绘制的矢量图形。

（1）绘制一个图形，选择"涂抹笔刷"工具或"粗糙笔刷"工具（图3-80）。

（2）在图上拖曳，制作出需要的涂抹效果或粗糙效果（图3-81、图3-82）。

第五节 修整图形

在CorelDRAW2019中文版中，修改和造型功能是编辑图形对象非常重要的手段。使用这一功能中的焊接、修剪、相交和简化等命令可以创建出复杂的全新图形。

一、合并

合并会将几个图形结合成一个图形，新的图形轮廓由被合并的图形边界组成，被合并图形的交叉线都将消失。

（1）绘制要合并的图形，使用"选择"工具选中要合并的图形（图3-83）。

（2）选择"对象→造型→合并"命令（图3-84）。

（3）选择几个要焊接的图形后，选择"对象→造型→合并"都可以完成多个对象的合并（图3-85）。

（4）合并前圈选多个图形时，在最底层的图形就是"目标对象"。按住Shift键，选择多个图形时，最后选中的图形就是"目标对象"。

二、修剪

修剪会将目标对象与来源对象的相交部分裁掉，使目标对象的形状被更改。修剪后的目标对象保留其填充和轮廓属性。

（1）绘制相交的图形，使用"选择"工具选择其中的来源对象（图3-86）。

（2）选择"对象→造型→修剪"命令（图3-87）。

（3）完成图形的修剪（图3-88）。

三、相交

相交会将两个或两个以上对象的相交部分保留，使相交的部分成为一个新的图形对象。新创建图形对象的填充和轮廓属性将与目标对象相同。

（1）绘制相交的图形，使用"选择"工具选择其中的来源对象（图3-89）。

（2）选择"对象→造型→相交"命令（图3-90）。

（3）完成相交裁切。来源对象和目标对象以及相交后的新图形对象会同时存在于绘图页面中（图3-91）。

图3-83 选中图形

图3-84 "对象→造型→合并"命令

图3-85 合并对象

图3-86 选择对象

图3-87 "对象→造型→修剪"命令

图3-88 完成修剪

图3-89 选择对象

图3-90 "对象→造型→相交"命令

图3-91 完成相交裁切

四、简化

简化会减去后面图形中和前面图形的重叠部分，并保留前面图形和后面图形的状态。

（1）绘制相交的图形对象，使用"选择"工具选中两个相交的图形对象（图3-92）。

（2）选择"对象→造型→简化"命令，可以完成图形的简化（图3-93）。

五、移除后面对象

移除后面对象会减去后面图形，减去前后图形的重叠部分，并保留前面图形的剩余部分。

（1）绘制两个相交的图形对象，使用"选择"工具选中两个相交的图形对象（图3-94）。

（2）选择"对象→造型→移除后面对象"命令（图3-95）。

（3）可以完成图形的前减后（图3-96）。

六、移除前面对象

移除前面对象会减去前面图形，减去前后图形的重叠部分，并保留后面图形的剩余部分。

（1）绘制两个相交的图形对象，使用"选择"工具选中两个相交的图形对象（图3-97）。

（2）选择"对象→造型→移除前面对象"命令（图3-98）。

（3）可以完成图形的后减前（图3-99）。

图3-92　选中对象

图3-93　完成简化

图3-94　选中对象

图3-95　"对象→造型→移除后面对象"命令

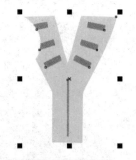

图3-96　完成前减后

图3-97　选中对象

图3-98　"对象→造型→移除前面对象"命令

图3-99　完成后减前

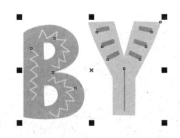

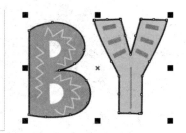

图3-100 选中对象　　　　　　　图3-101 "对象→造型→边界"命令　　　　　　图3-102 边界效果

七、边界

边界可以快速创建一个所选图形的共同边界。

（1）绘制要创建边界的图形对象，使用"选择"

工具，选中图形对象（图3-100）。

（2）选择"对象→造型→边界"命令（图3-101）。

（3）边界效果如图3-102所示。

本章总结

　　绘制曲线是进行图形作品绘制的基础，通过学习绘制直线和曲线，可以进一步掌握CorelDRAW2019强大的绘图功能。本章介绍了在CorelDRAW2019的工作界面中绘制和编辑曲线的方法，通过运用贝塞尔工具、艺术笔工具和钢笔工具可以绘制各种不同的曲线，而应用修整功能可以制作出复杂多变的图形效果。通过对本章的学习，读者可以掌握绘制曲线和修整图形的方法。

课后练习

1. CorelDRAW2019中绘制曲线分别有哪几种方法？
2. 使用工具箱中的工具绘制完成一个基本图形后，可以进行所有的节点编辑吗？如果不能，应怎么办？
3. 曲线的节点、线段、控制线和控制点分别是什么？在绘制曲线时起着怎样的作用？
4. "艺术笔"工具的"属性栏"中包含哪几种模式，在工作界面中分别进行这几种模式的操作，并感受它们的不同之处。
5. 节点在绘制曲线的过程中起着怎样的作用？节点分别有哪几种类型？
6. 在编辑一条曲线时，如果使曲线形成平滑的过渡，需要增加一个怎样的节点？
7. 在进行图形的修剪时，如果需要保留被修剪部分，需要进行怎样的设置？
8. 参考腾讯QQ企鹅图像，在CorelDRAW2019中绘制一个企鹅的轮廓图。

第四章
轮廓线的编辑与图形填充

 PPT 课件
 教学视频
 素材

学习难度：★ ★ ★ ★ ☆
重点概念：轮廓线、样式、调色板、填充

◄ **章节导读:**

　　轮廓线是组成图形最基本也是最重要的元素，在任何艺术创作中，都需要先进行轮廓线的绘制。因此，我们在CorelDRAW2019中进行图形的绘制时，也需要先绘制出该图形的轮廓线，接着再进行其他的编辑。本章将详细讲解轮廓线线型的粗细、样式、颜色以及轮廓线角的样式、端头样式等，在掌握了轮廓线的编辑后，再分别介绍如何使用不同的方式进行颜色的填充。

第一节　编辑轮廓线和均匀填充

　　在CorelDRAW2019中，提供了丰富的轮廓线和填充设置，可以制作出精美的轮廓线和填充效果。下面具体介绍编辑轮廓线和均匀填充的方法和技巧。

一、使用轮廓工具

　　单击"轮廓笔"工具，或按快捷键F12弹出"轮廓"工具的展开工具栏（图4-1）。

　　展开工具栏中的"轮廓笔"工具，可以编辑图形对象的轮廓线；"轮廓色"工具可以编辑图形对象的轮廓线颜色；轮廓宽度分别是无轮廓、细线、0.5pt、0.75pt、1.0pt（1.0pt=0.0254mm）等；"彩色"工具，可以弹出"颜色"泊坞窗，对图形的轮廓线颜色进行编辑。

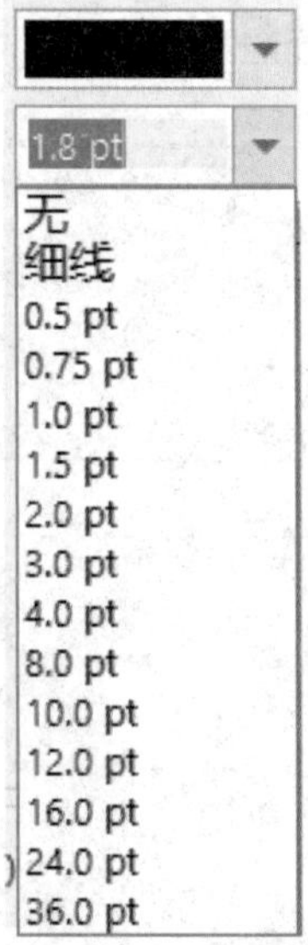

▼
1.8 pt ▼
无
细线
0.5 pt
0.75 pt
1.0 pt
1.5 pt
2.0 pt
3.0 pt
4.0 pt
8.0 pt
10.0 pt
12.0 pt
16.0 pt
24.0 pt
36.0 pt

图4-1 "轮廓"工具栏

二、设置轮廓线的颜色

（1）绘制一个图形对象，并使图形对象处于选取状态。

（2）单击"轮廓笔"工具，弹出"轮廓笔"对话框（图4-2）。

（3）在"轮廓笔"对话框中，"轮廓色"选项可以设置轮廓线的颜色，在CorelDRAW2019的默认状态下，轮廓线被设置为黑色（图4-3）。

（4）在颜色列表框右侧的按钮上单击鼠标左键，打开颜色下拉列表。在颜色下拉列表中可以选择需要的颜色，也可以单击"更多"按钮，打开"选择颜色"对话框，在对话框中可以调配自己需要的颜色。

（5）设置好需要的颜色后，单击"确定"按钮，可以改变轮廓线的颜色（图4-4）。

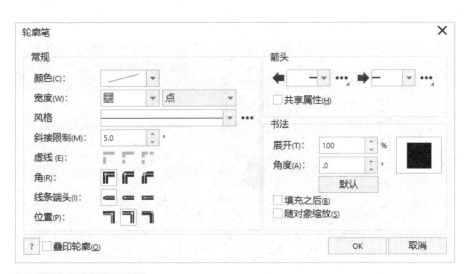

图4-2 "轮廓笔"对话框

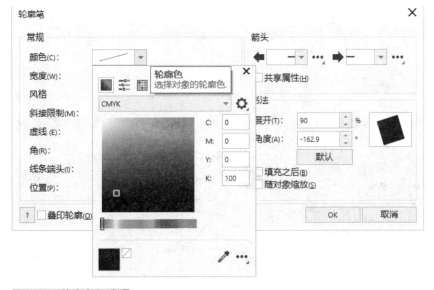

图4-3 "轮廓色"选项

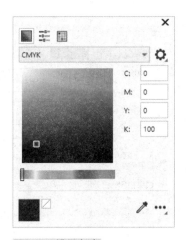

图4-4 设置颜色

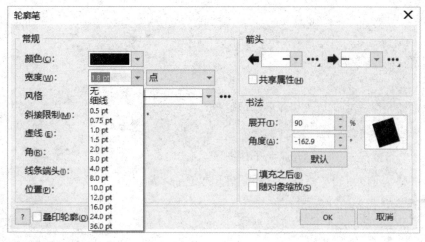

图4-5 "宽度"选项

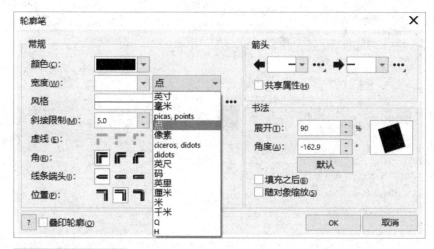

图4-6 宽度度量单位

三、设置轮廓线的粗细及样式

在"轮廓笔"对话框中,"宽度"选项可以设置轮廓线的宽度值和宽度的度量单位。在左侧的三角按钮上单击鼠标左键,弹出下拉列表,可以选择宽度数值,也可以在数值框中直接输入宽度数值(图4-5)。

在右侧的三角按钮上单击鼠标左键,弹出下拉列表,可以选择宽度的度量单位(图4-6)。

在"样式"选项右侧的三角按钮上单击鼠标左键,弹出下拉列表,可以选择轮廓线的样式(图4-7)。

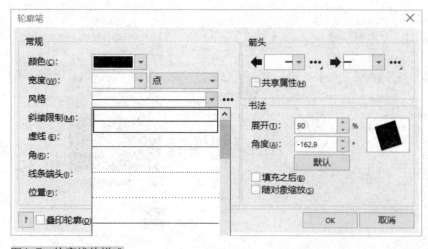

图4-7 轮廓线的样式

四、设置轮廓线角的样式及端头样式

在"轮廓笔"对话框中，"角"设置区可以设置轮廓线角的样式。"角"设置区提供了3种拐角的方式，它们分别是斜接角、圆角和平角（图4-8）。

将轮廓线的宽度增加，因为较细的轮廓线在设置拐角后效果不明显。

在"轮廓笔"对话框中，"线条端头"设置区可以设置线条端头的样式。3种样式分别是方形端头、圆形端头、延伸方形端头（图4-9）。

在"轮廓笔"对话框中，"箭头"设置区可以设置线条两端的箭头样式（图4-10）。

"箭头"设置区中提供了两个样式框，左侧的样式框专用来设置箭头样式，单击样式框上的三角按钮，弹出"箭头样式"列表（图4-11）。

右侧的样式框用来设置箭尾样式，单击样式框上的三角按钮，弹出"箭尾样式"列表（图4-12）。

使用"置于填充之后"选项会将图形对象的轮廓置于图形对象的填充之后。图形对象的填充会遮挡图形对象的轮廓颜色，只能观察到轮廓的一段宽度的颜色。

使用"随对象缩放"选项缩放图形对象时，图形对象的轮廓线会根据图形对象的大小而改变，使图形对象的整体效果保持不变。如果不选择此选项，在缩放图形对象时，图形对象的轮廓线不会根据图形对象的大小而改变，轮廓线和填充不能保持原图形对象的效果，图形对象的整体效果就会被破坏。

角(R):

图4-8 "角"设置区

线条端头(I):

图4-9 "线条端头"设置区

箭头

图4-10 "箭头"设置区

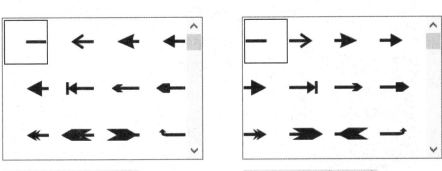

图4-11 "箭头样式"列表　　　图4-12 "箭尾样式"列表

五、使用调色板填充颜色

调色板是给图形对象填充颜色的最快途径。通过选取调色板中的颜色，可以把一种新颜色快速填充给图形对象。在CorelDRAW2019中提供了多种调色板，选择"窗口>调色板"命令，将弹出可供选择的多种颜色调色板。CorelDRAW2019在默认状态下使用的是CMYK调色板。

（1）使用"选择"工具选中屏幕右侧的条形色板。

（2）用鼠标左键拖曳条形色板到屏幕的中间（图4-13）。

（3）使用"选择"工具选中要填充的图形对象。在调色板中选中的颜色上单击鼠标左键，图形对象的内部即被选中的颜色填充（图4-14～图4-16）。

（4）单击调色板中的"无填充"按钮，可取消对图形对象内部的颜色填充。选取需要的图形，在调色板中选中的颜色上单击鼠标右键，图形对象的轮廓线即被选中的颜色填充，设置适当的轮廓宽度（图

4-17～图4-19）。

六、均匀填充对话框

选择"编辑填充"工具，弹出"编辑填充"对话框，单击"均匀填充"按钮，或按Shift+F11键，弹出"编辑填充"对话框，可以在对话框中设置需要的颜色（图4-20）。

对话框中3种设置颜色的方式分别为模型、混合

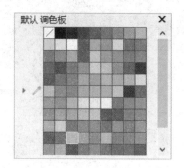

图4-13 调色板

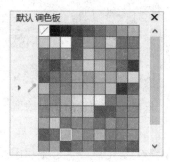

图4-14 选中填充色

图4-15 图形　　　　图4-16 颜色填充

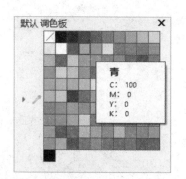

图4-17 调色板选颜色

图4-18 图形

图4-19 填充轮廓线

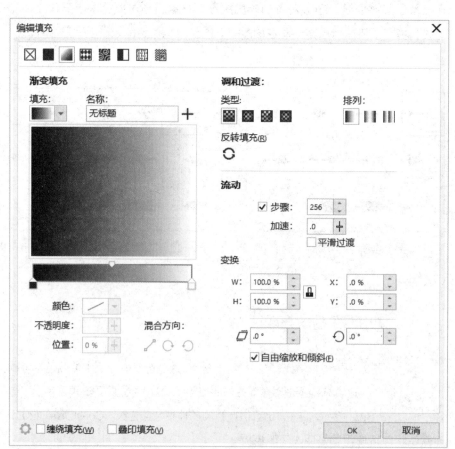

图4-20 "编辑填充"对话框

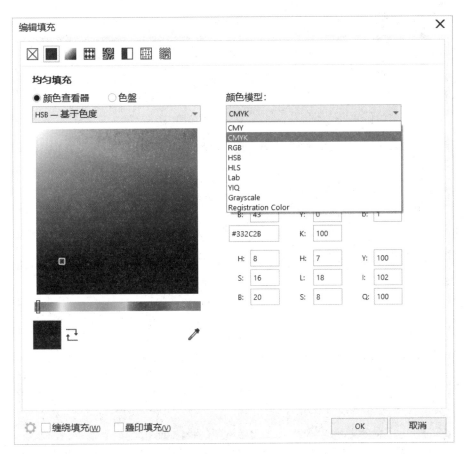

图4-21　CMYK模式

器和调色板。具体设置如下：

（1）模型。在模型设置框中提供了完整的色谱，通过操作颜色关联控件可更改颜色，也可以通过在颜色模式的各参数值框中设置数值来设定需要的颜色。在设置框中还可以选择不同的颜色模式，模型设置框

默认的是CMYK模式（图4-21）。

（2）调配好需要的颜色后，单击"确定"按钮，可以将需要的颜色填充到图形对象中。

- 补充要点 -

颜色快速调用

　　如果有经常需要使用的颜色，调配好需要的颜色后，单击对话框中的"加到调色板"按钮，可以将颜色添加到调色板中。在下一次使用时就不需要再次调配了，直接在调色板中调用即可。

七、使用"颜色"泊坞窗填充

"颜色"泊坞窗是为图形对象填充颜色的辅助工具，特别适合在实际工作中应用。

（1）单击工具箱下方的"快速自定"按钮，添加"彩色"工具，弹出"颜色泊坞窗"（图4-22）。

（2）绘制一个图形，在"颜色"泊坞窗中调配颜色（图4-23）。

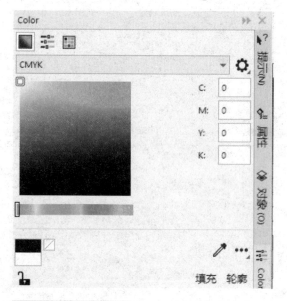

图4-22 "颜色泊坞窗"

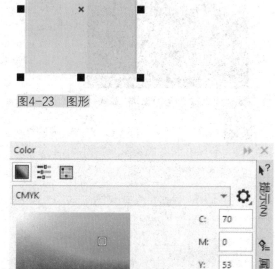

图4-23 图形

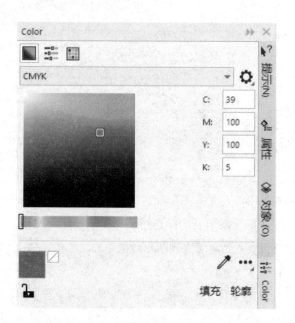

图4-24 填充颜色（一）

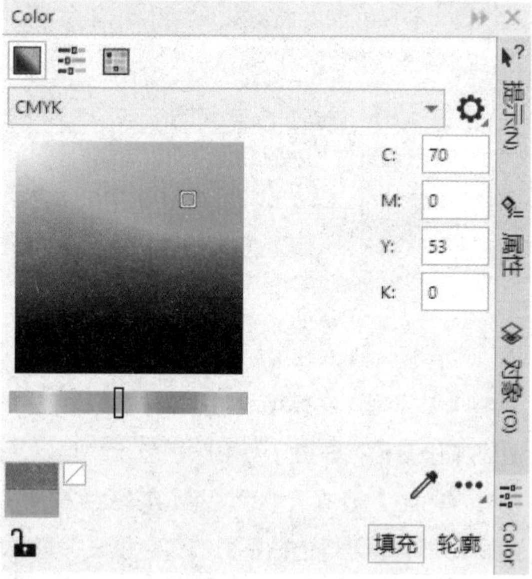

图4-25 填充颜色（二）

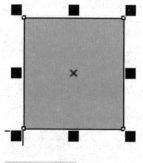

图4-26 填充

（3）调配好颜色后，单击"填充"按钮，颜色填充到图形的内部（图4-24～图4-26）。

（4）也可在调配好颜色后，单击"轮廓"按钮，填充颜色到图形的轮廓线（图4-27、图4-28）。

在"颜色泊坞窗"的右上角的3个按钮分别是"显示颜色滑块""显示颜色查看器"和"显示调色板"。分别单击这3个按钮可以选择不同的调配颜色的方式（图4-29～图4-31）。

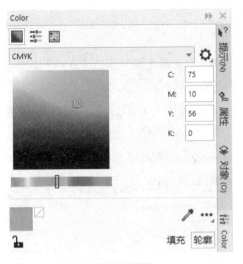

图4-27　单击"轮廓"按钮

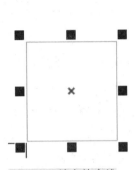

图4-28　填充轮廓线

图4-29　显示颜色滑块

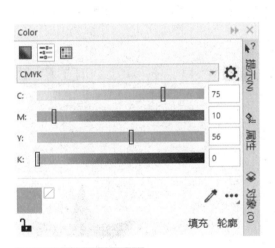

图4-30　显示颜色查看器

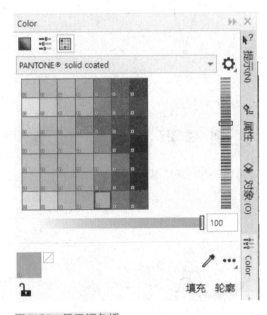

图4-31　显示调色板

第二节　渐变填充和图样填充

　　渐变填充和图样填充都是非常实用的功能，在设计制作中经常被应用。在CorelDRAW2019中，渐变填充提供了线性、椭圆形、圆锥形和矩形4种渐变色彩的形式，可以绘制出多种渐变颜色效果。图样填充将预设图案以平铺的方法填充到图形中。下面将介绍使用渐变填充和图样填充的方法和技巧。

一、使用属性栏进行填充

（1）绘制一个图形，选择"交互式填充"工具（图4-32、图4-33）。

（2）在属性栏中单击"渐变填充"按钮（图4-34）。

（3）单击属性栏其他选项按钮，可以选择渐变的类型（图4-35～图4-37）。

属性栏中的"节点颜色"用于指定选择渐变节点的颜色，"节点透明度"文本框用于设置指定选定渐变节点的透明度，"加速"文本框用于设置渐变从一个颜色到另一个颜色的速度。

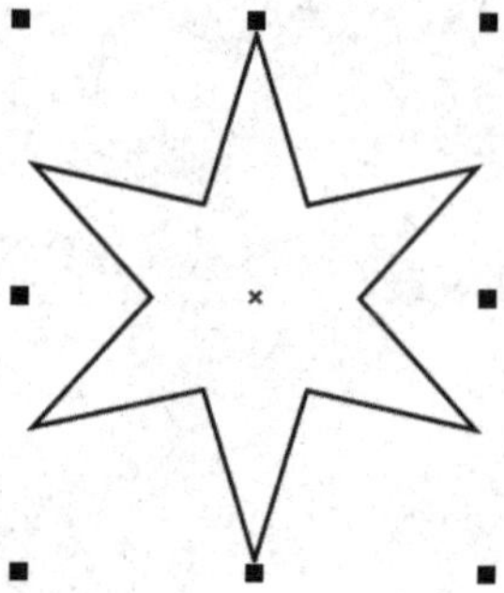

二、使用工具进行填充

（1）绘制一个图形，选择"交互式填充"工具（图4-38）。

（2）在起点颜色的位置单击并按住鼠标左键拖曳光标到适当的位置，松开鼠标左键，图形被填充了预设的颜色（图4-39）。

在拖曳过程中可以控制渐变的角度、渐变的边缘宽度等渐变属性。拖曳

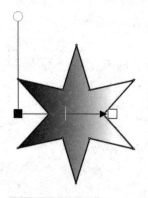

图4-32 图形

图4-33 "交互式填充"属性栏

图4-34 渐变填充

图4-35 渐变填充

图4-36 渐变填充

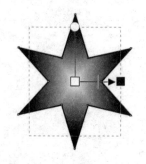

图4-37 渐变填充

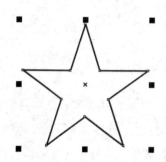

图4-38 图形

图4-39 填充预设颜色

起点颜色和终点颜色可以改变渐变的角度和边缘宽度。拖曳中间点可以调整渐变颜色的分布。拖曳渐变虚线,可以控制颜色渐变与图形之间的相对位置。拖曳渐变上方的圆圈图标可以调整渐变倾斜角度。

三、使用"渐变填充"对话框填充

选择"编辑填充"工具,在弹出的"编辑填充"对话框中单击"渐变填充"按钮圈。在对话框中的"镜像、重复和反转"设置区中可选择渐变填充的3种类型,"默认渐变填充""重复和镜像"和"重复"渐变填充。

1. 默认渐变填充

在"默认渐变填充"对话框中设置好渐变颜色后,单击"确定"按钮(图4-40),完成图形的渐变填充(图4-41)。

在"预览色带"上的起点和终点颜色之间双击鼠标左键,将在预览色带上产生一个倒三角形色标,也就是新增了一个渐变颜色标记,"节点位置"选项中显示的百分数就是当前新增渐变颜色标记的位置。单击"节点颜色"选项右侧的按钮,在弹出其下拉选项中设置需要的渐变颜色,"预览"色带上新增渐变颜色标记上的颜色将改变为需要的新颜色。"节点颜色"选项中显示的颜色就是当前新增渐变颜色标记的颜色(图4-42、图4-43)。

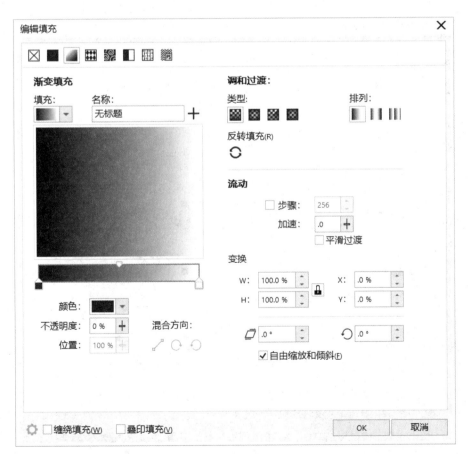

图4-40 "默认渐变填充"对话框

图4-41 渐变填充

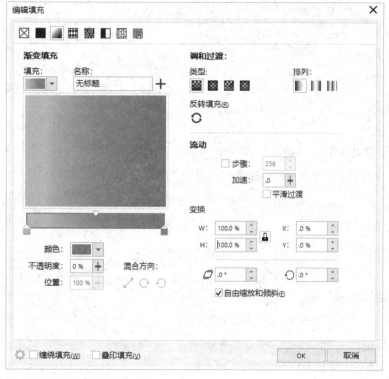

图4-42 "默认渐变填"对话框

图4-43 渐变填充

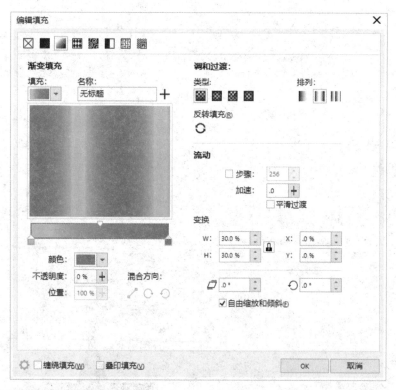

图4-44 单击"重复和镜像"

图4-45 重复和镜像

2. 重复和镜像渐变填充

单击选择"重复和镜像"按钮（图4-44），再单击调色板中的颜色，可改变自定义渐变填充终点的颜色（图4-45）。

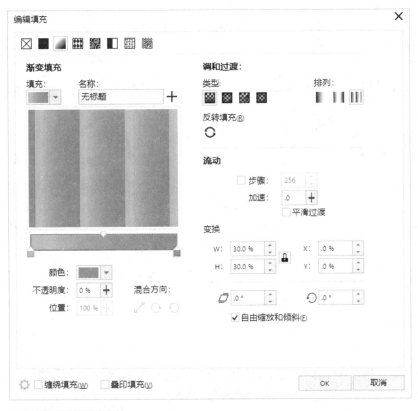

图4-46 单击"重复"

图4-47 重复

3. 重复渐变填充

单击选择"重复"单选项（图4-46、图4-47）。

四、渐变填充的样式

（1）绘制一个图形，"渐变填充"对话框中的"填充挑选器"选项中包含了CorelDRAW 2019预设的一些渐变效果（图4-48）。

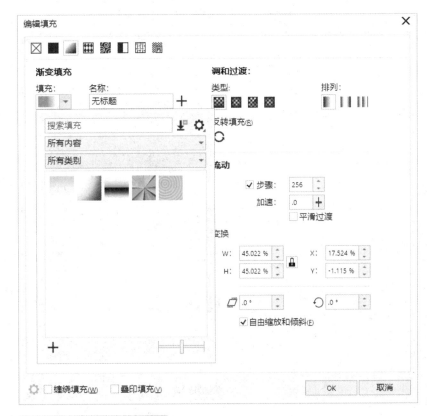

图4-48 "填充挑选器"选项

图4-49　渐变填充（一）

图4-50　渐变填充（二）

图4-51　渐变填充（三）

（2）选择一个预设的渐变效果，单击"确定"按钮，可以完成渐变填充
（图4-49～图4-51）。

五、图样填充

向量图样填充是由矢量和线描式图像生成的。选择"编辑填充"工具，在
弹出的"编辑填充"对话框中单击"向量图样填充"按钮（图4-52）。

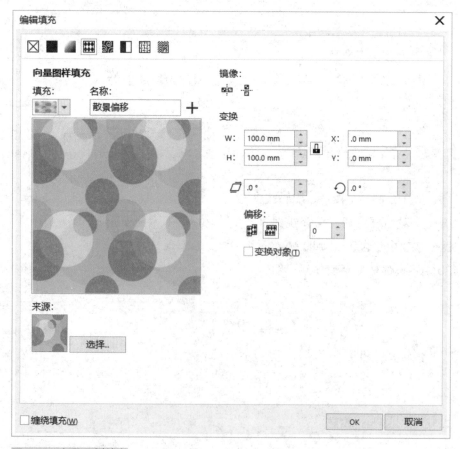

图4-52　向量图样填充

位图图样填充是使用位图图片进行填充。选择"编辑填充"工具，在弹出的"编辑填充"对话框中单击"位图图样填充"按钮（图4-53）。

双色图样填充是用两种颜色构成的图案来填充，也就是通过设置前景色和背景色的颜色来填充。选择"编辑填充"工具，在弹出的"编辑填充"对话框中单击"双色图样填充"按钮（图4-54）。

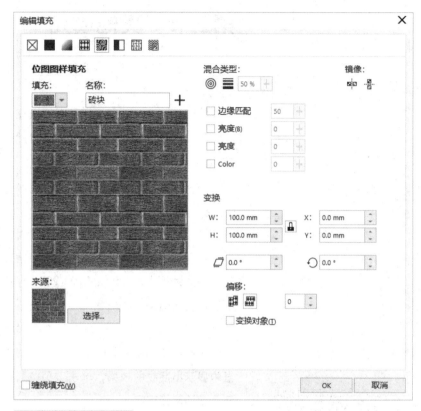

图4-53　位图图样填充

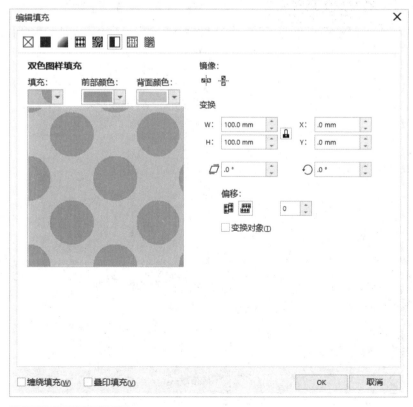

图4-54　双色图样填充

第三节　其他填充

除均匀填充、渐变填充和图样填充外，常用的填充还包括底纹填充、网状填充等，这些填充可以使图形更加自然、多变。下面具体介绍这些填充方法和技巧。

一、底纹填充

选择"编辑填充"工具，弹出"编辑填充"对话框，单击"底纹填充"按钮。在对话框中，CorelDRAW2019的底纹库提供了多个样本组和几百种预设的底纹填充图案（图4-55）。

在对话框中的"底纹库"选项的下拉列表中可以选择不同的样本组。CorelDRAW2019底纹库提供了7个样本组。选择样本组后，在上面的"预览"框中显示出底纹的效果，单击"预览"框右侧的按钮，在弹出的面板中可以选择需要的底纹图案。

绘制一个图形，在"底纹库"中选择需要的样本后，单击"预览"框右侧

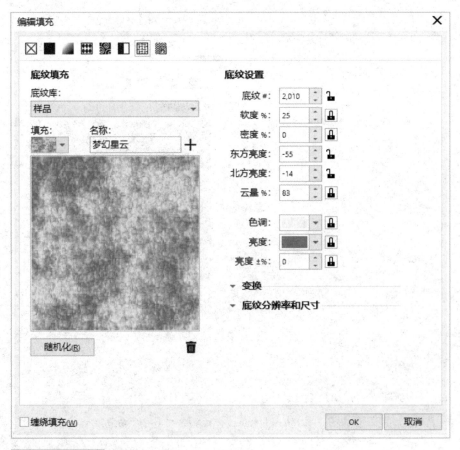

图4-55　底纹填充

的按钮,在弹出的面板中选择需要的底纹效果,单击"确定"按钮,可以将底纹填充到图形对象中。

选择"交互式填充"工具,在属性栏中选择"底纹填充"选项,单击"填充挑选器"选项右侧的按钮,在弹出的下拉列表中可以选择底纹填充的样式(图4-56~图4-58)。

二、"交互式网格填充"工具填充

(1)绘制一个要进行网状填充的图形,选择

"交互式填充"工具(图4-59)。

(2)展开式工具栏中的"网状填充"工具,在属性栏中将横竖网格的数值均设置为3,按Enter键(图4-60)。

(3)单击选中网格中需要填充的节点,在调色板中需要的颜色上单击鼠标左键,可以为选中的节点填充颜色(图4-61)。

(4)依次选中需要的节点并进行颜色填充,选中节点后,拖曳节点的控制点可以扭曲颜色填充的方向(图4-62~图4-64)。

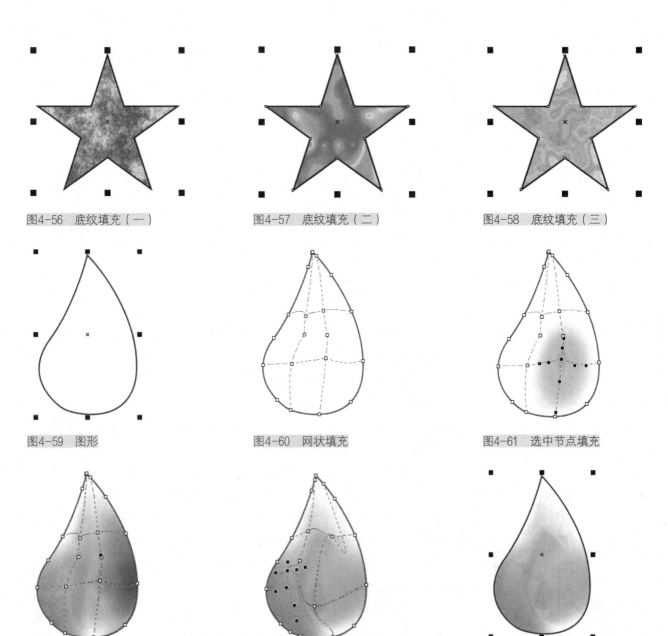

图4-56 底纹填充(一)　　　　图4-57 底纹填充(二)　　　　图4-58 底纹填充(三)

图4-59 图形　　　　图4-60 网状填充　　　　图4-61 选中节点填充

图4-62 选中节点填充　　　　图4-63 拖曳节点的控制点　　　　图4-64 完成填充

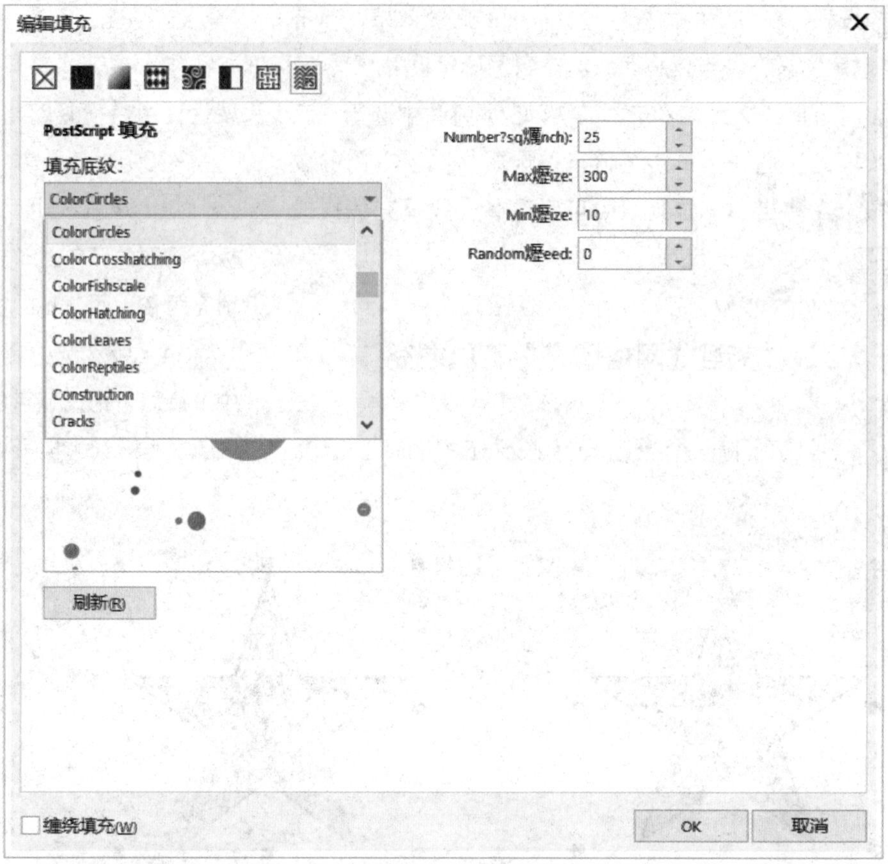

编辑填充   ✕

PostScript 填充

填充底纹: Number?sq属inch): 25
ColorCircles   ▼   Max烟Size: 300
                                           Min烟ize: 10
ColorCircles   ∧   Random烟eed: 0
ColorCrosshatching
ColorFishscale
ColorHatching
ColorLeaves
ColorReptiles
Construction
Cracks   ∨

刷新(R)

☐ 缠绕填充(W)   OK   取消

图4-65 PostScript填充

三、PostScript填充

PostScript填充是利用PostScript语言设计出来的一种特殊的图案填充。PostScript图案是一种特殊的图案。只有在"增强"视图模式下,PostScript填充的底纹才能显示出来。下面介绍PostScript填充的方法和技巧。

(1)选择"编辑填充"工具,弹出"编辑填充"对话框(图4-65)。

(2)单击"PostScript填充"按钮,切换到相应的对话框,CorelDRAW2019提供了多个PostScript底纹图案。

(3)在对话框中,单击"预览填充"复选框,不需要打印就可以看到PostScript底纹的效果。在左上方的列表框中提供了多个PostScript底纹,选择一个PostScript底纹,在下面的"参数"设置区中会出现所选PostScript底纹的参数。不同的PostScript底纹会有相对应的不同参数。

(4)在"参数"设置区的各个选项中输入需要的数值,可以改变选择的PostScript底纹,产生新的PostScript底纹效果。

(5)选择"交互式填充"工具,在属性栏中选择"PostScript填充"选项,单击"PostScript填充底纹"选项可以在弹出的下拉面板中选择多种PostScript底纹填充的样式对图形对象进行填充(图4-66)。

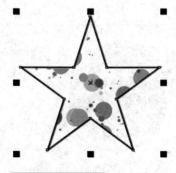

图4-66 填充对象

– 补充要点 –

PostScript填充

　　CorelDRAW2019在屏幕上显示PostScript填充时用字母 "PS" 表示。PostScript填充使用的限制非常多，由于PostScript填充图案非常复杂，所以在打印和更新屏幕显示时会使处理时间增长。PostScript填充非常占用系统资源，使用时一定要慎重。

本章总结

　　本章重点讲解了CorelDRAW2019中编辑图形轮廓线的形状、参数设定以及颜色等的方法，接着学习了图形的填充方法与各种填充效果。通过学习本章的内容，读者可以制作出不同效果的图形轮廓线，了解并掌握各种颜色的填充方式和填充技巧。

课后练习

1. 图形对象在选取的状态下，怎样快速填充轮廓线颜色？
2. 在对图形或轮廓线进行填充时，使用 "调色板填充" 和使用 "均匀填充" 的区别在哪？
3. 怎样将自己调好的颜色保留下来，在下一次使用时能直接调用？
4. "颜色泊坞窗" 中的哪些按钮可以用来选择不同的调配颜色的方式？
5. CorelDRAW2019中文版的渐变填充提供了几种渐变色彩的形式？
6. 底纹填充的缺点是什么？在使用底纹填充时怎样避免这个缺点？
7. 设计并绘制一个卡通人物形象，要求线条流畅，填充色彩搭配醒目，形象生动有趣。

第五章
排列组合与群组的变换编辑

PPT 课件

教学视频

素材

学习难度：★ ★ ★ ☆ ☆
重点概念：属性、排序、结合

◀ 章节导读：

　　创建、修改、定位、变换管理体现了CorelDRAW2019造型、排列和管理的强大功能，这些功能为艺术设计表现的多样化提供了无限的可能性和高效率。通过创建和修改得到理想单元造型后，其位置的排列、组合、变换、再制、复制其属性是增值阵列的魔术，可对基础图形对象做出再利用的无数可能。

第一节　对齐与分布

　　在CorelDRAW2019中文版中，提供了对齐和分布功能来设置对象的对齐和分布方式。下面介绍对齐和分布的使用方法和技巧。

一、多个对象的对齐和分布

1. 多个对象的对齐

　　（1）使用"选择"工具选中多个要对齐的对象（图5-1）。

　　（2）选择"对象→对齐和分布→对齐与分布"命令，或按Ctrl+Shift+A组合键，或单击属性栏中的"对齐与分布"按钮，弹出"对齐与分布"泊坞窗（图5-2）。

　　（3）在"对齐与分布"泊坞窗中的"对齐"选项组中，可以选择两组对齐方式，如左对齐、水平居中对齐、右对齐或者顶端对齐、垂直居中对齐、底端对齐。两组对齐方式可以单独使用，也可以配合使用，如对齐右底端、左顶端等设置就需要配合使用。

　　（4）"对齐对象到"选项组中的按钮只有在单击了"对齐"或"分布"选

图5-1　选中对象

图5-2　"对齐与分布"泊坞窗（一）

项组中的按钮时，才可以使用。

其中"页面边缘"按钮或"页面中心"按钮，用于设置图形对象以页面的什么位置为基准对齐。

（5）使用"选择"工具，按住Shift键，单击几个要对齐的图形对象将它们全选，注意要将图形目标对象最后选中，因为其他图形对象将以图形目标对象为基准对齐，所以最后选中它。

（6）选择"对象→对齐和分布→对齐与分布"命令，弹出"对齐与分布"泊坞窗（图5-3）。在泊坞窗中单击"右对齐"按钮，几个图形对象以最后选取的图形的右边缘为基准进行对齐（图5-4）。

图5-3　"对齐与分布"泊坞窗（二）

图5-4　以右边缘为基准对齐

图5-5 "对齐与分布"泊坞窗（三）

图5-6 以页面中心为基准对齐

（7）在"对齐与分布"泊坞窗中，单击"垂直居中对齐"按钮，再单击"对齐对象到"选项组中的"页面中心"按钮（图5-5）。几个图形对象以页面中心为基准进行垂直居中对齐（图5-6）。

2. 多个对象的分布

（1）使用"选择"工具选择多个要分布的图形对象（图5-7）。

（2）再选择"对象→对齐和分布→对齐与分布"命令，弹出"对齐与分布"泊坞窗，在"分布"选项组中显示分布排列的按钮（图5-8）。

（3）在"分布"对话框中有两种分布形式，分别是沿垂直方向分布和沿水平方向分布。可以选择不同的基准点来分布对象。

（4）在"将对象分布到"选项组中，分别单击"选定的范围"按钮和"页面范围"按钮（图5-9、图5-10）。

图5-7 选择对象

图5-8 "对齐与分布"泊坞窗（四）

图5-9 "对齐与分布"泊坞窗（五）　　图5-10 对齐

二、网格和辅助线的设置和使用

1. 设置网格

（1）选择"查看→网格→文档网格"命令，在页面中生成网格。如果想消除网格，只要再次选择"查看→网格→文档网格"命令即可（图5-11）。

（2）在绘图页面中单击鼠标右键，弹出其快捷菜单，在菜单中选择"视图→文档网格"命令，也可以在页面中生成网格（图5-12）。

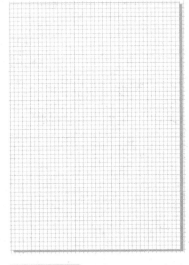

图5-11 "查看→网格→文档网格"命令　　图5-12 网格

图5-13 快捷菜单

（3）在绘图页面的标尺上单击鼠标右键，弹出快捷菜单（图5-13）。在菜单中选择"网格设置"命令，弹出"选项"对话框。在"文档网格"选项组中可以设置网格的密度和网格点的间距。"基线网格"选项组中可以设置从顶部开始的距离和基线间的间距。若要查看像素网格设置的效果，必须切换到"像素"视图（图5-14）。

2. 设置辅助线

（1）将鼠标的光标移到水平或垂直标尺上，按住鼠标左键不放，并向下或向右拖曳光标，可以绘制一条辅助线，在适当的位置松开鼠标左键（图5-15）。

（2）要想移动辅助线必须先选中辅助线，将鼠标的光标放在辅助线上并单击鼠标左键，辅助线被选中并呈红色，用光标拖曳辅助线到适当的位置即可。在拖曳的过程中单击鼠标右键可以在当前位置复制一条辅助线，选中辅助线后，按Delete键，可以将辅助线删除。

（3）辅助线被选中变成红色后，再次单击辅助线（图5-16），将出现辅助线的旋转模式，可以通过拖曳两端的旋转控制点来旋转辅助线（图5-17）。

（4）在辅助线上单击鼠标右键，在弹出的快捷菜单中选择"锁定对象"

图5-14 "文档网格"选项组

图5-15 拖曳辅助线

图5-16 单击辅助线

图5-17 旋转辅助线

命令，可以锁定辅助线，用相同的方法在弹出的快捷菜单中选择"解锁对象"命令，可以解锁辅助线。

3. 对齐网格、辅助线和对象

（1）选择"查看→贴齐→文档网格"命令，或单击"贴齐"按钮，在弹出的下拉列表中选择"文档网格"选项，或按Ctrl+Y组合键。再选择"查看→网格→文档网格"命令，在绘图页面中设置好网格，在移动图形对象的过程中，图形对象会自动对齐到网格、辅助线或其他图形对象上（图5-18）。

（2）在"对齐与分布"泊坞窗中选取需要的对齐或分布方式，选择"对齐对象到"选项组中的"网格"按钮。图形对象的中心点会对齐到最近的网格点，在移动图形对象时，图形对象会对齐到最近的网格点（图5-19、图5-20）。

（3）选择"查看→贴齐→辅助线"命令，或单击"贴齐"按钮，在弹出的下拉列表中选择"辅助线"选项，可使图形对象自动对齐辅助线。

（4）选择"查看→贴齐→对象"命令，或单击"贴齐"按钮，在弹出的下拉列表中选择"对象"选项，或按Alt+Z组合键，使两个对象的中心对齐重合。

三、标尺的设置和使用

标尺可以帮助用户了解图形对象的当前位置，以便设计作品时确定作品的精确尺寸。下面介绍标尺的设置和使用方法。

（1）选择"视图→标尺"命令，可以显示或隐藏标尺（图5-21）。

（2）将鼠标的光标放在标尺左上角的图标上，单击按住鼠标左键不放并拖曳光标，出现十字虚线的标尺定位线。在需要的位置松开鼠标左键，可以设定新的标尺坐标原点。双击图标，可以将标尺还原到原始的位置（图5-22）。

（3）按住Shift键，将鼠标的光标放在标尺左上角的图标上，单击按住鼠标左键不放并拖曳光标，可以将标尺移到新位置。使用相同的方法将标尺拖放回左上角可以还原标尺的位置。

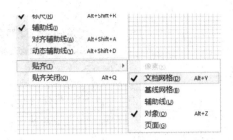

图5-18 "查看→网格→文档网格"命令

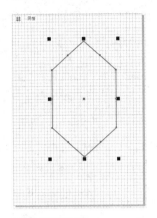

图5-19 图形

图5-20 "网格"按钮

图5-21 隐藏标尺

图5-22 还原标尺

- 补充要点 -

设置辅助线

选择"窗口→泊坞窗→辅助线"命令，或使用鼠标右键单击标尺，弹出快捷菜单，在其中选择"辅助线设置"命令，弹出"辅助线"泊坞窗，也可设置辅助线。

四、标注线的绘制

在工具箱中共有5种标注工具，它们从上到下依次是"平行度量"工具、"水平或垂直度量"工具、"角度量"工具、"线段度量"工具和"3点标注"工具。选择"平行度量"工具，弹出其属性栏（图5-23）。

（1）打开一个图形对象，选择"平行度量"工具，将鼠标的光标移到图形对象的右侧顶部，单击并向下拖曳光标（图5-24～图5-27）。

（2）将光标移到图形对象的底部后再次单击鼠标左键，将鼠标指针拖曳到线段的中间，再次单击完成标注。使用相同的方法，可以用其他标注工具为图形对象进行标注。

五、对象的排序

在CorelDRAW2019中，绘制的图形对象都存在着重叠的关系，如果在绘图页面中的同一位置先后绘制两个不同背景的图形对象，后绘制的图形对象将位于先绘制图形对象的上方。使用CorelDRAW2019的排序功能可以安排多个图形对象的前后顺序，也可以使用图层来管理图形对象。

（1）在绘图页面中先后绘制几个不同的图形对象，使用"选择"工具，

图5-23 "平行度量"属性栏

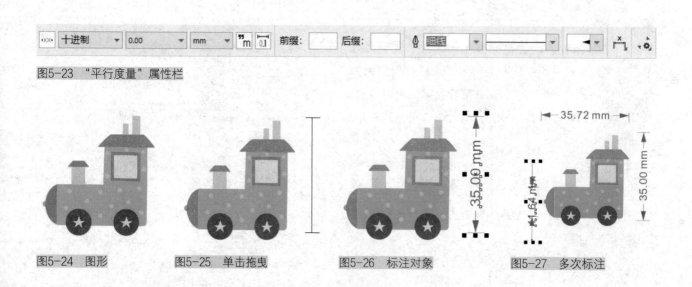

图5-24 图形　　　　图5-25 单击拖曳　　　　图5-26 标注对象　　　　图5-27 多次标注

选择要进行排序的图形对象（图5-28）。

（2）选择"对象→顺序"子菜单下的各个命令（图5-29）。可将已选择的图形对象排序。

（3）选择"到图层前面"命令，可以将背景图形从当前层移到绘图页面中其他图形对象的最前面，按Shift+PageUp组合键，也可以完成这个操作（图5-30）。

（4）选择"到图层后面"命令，可以将背景图形从当前层移到绘图页面中其他图形对象的最后面，按Shift+PageDown组合键，也可以完成这个操作（图5-31）。

（5）选择"向前一层"命令，可以将选定的背景图形从当前位置向前移动一个图层，按Ctrl+PageUp组合键，也可以完成这个操作（图5-32）。

（6）当图形位于图层最前面的位置时，选择"向后一层"命令，可以将选定的图形（背景）。从当前位置向后移动一个图层。按Ctrl+PageDown组合键，也可以完成这个操作（图5-33）。

选择"置于此对象前"命令，可以将选择的图形放置到指定图形对象的前面。选择"置于此对象前"命令后，鼠标的光标变为黑色箭头，使用黑色箭头单击指定图形对象，图形被放置到指定图形对象的前面。

选择"置于此对象后"命令，可以将选择的图形放置到指定图形对象的后面，选择"置于此对象后"命令后，鼠标的光标变为黑色箭头，使用黑色箭头单击指定的图形对象，图形被放置到指定的背景图形对象的后面。

图5-28　选择图形

图5-29　"对象→顺序"子菜单

图5-30　到图层前面

图5-31　到图层后面

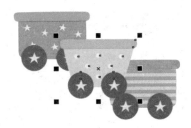

图5-32　向前一层

图5-33　向后一层

- 补充要点 -

对齐对象

在曲线图形对象之间，用"选择"工具或"形块"工具选择并移动图形对象上的节点时，"对齐对象"选项的功能可以方便准确地进行节点间的捕捉对齐。

第二节　群组与结合

在CorelDRAW2019中，提供了群组和结合功能，群组可以将多个不同的图形对象组合在一起，方便整体操作。结合可以将多个图形对象合并在一起，创建出一个新的对象。下面介绍群组和结合的方法及技巧。

一、组合对象

（1）绘制几个图形对象，使用"选择"工具选中要进行群组的图形对象（图5-34）。

（2）选择"对象→组合"命令，或按Ctrl+G组合键，或单击属性栏中的"组合对象"按钮，都可以将多个图形对象群组（图5-35）。

（3）按住Ctrl键，选择"选择"工具，单击需要选取的子对象，松开Ctrl键，子对象被选取（图5-36）。

群组后的图形对象变成一个整体，移动一个对象，其他对象将会随着移动，填充一个对象，其他对象也将随着被填充。选择"对象→组合→取消组合

对象"命令，或按Ctrl+U组合键，或单击属性栏中的"取消组合对象"按钮，可以取消对象的群组状态。选择"对象→组合→取消组合所有对象"命令，或单击属性栏中的"取消组合所有对象"按钮，可以取消所有对象的群组状态。

二、结合

（1）绘制几个图形对象，使用"选择"工具选中要进行结合的图形对象（图5-37）。

（2）选择"对象→合并"命令，或按Ctrl+L组合键，可以将多个图形对象合并（图5-38）。

（3）使用"形状"工具选中结合后的图形对象，可以对图形对象的节点进行调整，改变图形对象的形状（图5-39）。

（4）选择"对象→拆分曲线"命令，或按Ctrl+K组合键，可以取消图形对象的合并状态，原来合并的图形对象将变为多个单独的图形对象（图5-40）。

图5-34　选择图像　　　　　图5-35　对象群组　　　　　图5-36　选取子对象

图5-37　图形　　　　图5-38　合并图形　　　　图5-39　改变图形形状　　　　图5-40　拆分曲线

— 补充要点 —

颜色填充显示

如果对象合并前有颜色填充，那么结合后的对象将显示最后选取对象的颜色。如果使用圈选的方法选取对象，将显示圈选框最下方对象的颜色。

本章总结

本章讲述了怎样运用CorelDRAW2019中提供的命令和工具将多个对象进行排列组合，以及将组合后的对象进行再制、旋转、镜像等的编辑技巧。通过本章学习，读者可以自如地排列和组合绘图中的图形对象，轻松完成制作任务。

课后练习

1. 在"对齐与分布"泊坞窗中有哪几种对齐方式？它们之间可以配合使用吗？

2. 怎样使用"对齐对象到"选项组中的按钮？

3. 怎样将几个图形对象以页面中心为基准进行垂直居中对齐。

4. 在CorelDRAW2019中怎样设置网格和辅助线？

5. 标尺在绘图中能起到什么作用？

6. 群组与结合有什么区别？对一组图形进行了群组或结合的操作后还能取消吗？

7. 如果一组对象在结合前有颜色填充，那么结合后的对象是什么颜色？

8. 配合使用对齐与分布、群组与结合工具，设计制作一幅相册封面作品。

第六章
文本的编辑与特效

PPT 课件

教学视频

素材

学习难度：★★★★☆
重点概念：段落文本、美术文本、编辑、
特效

> ◄ **章节导读：**
>
> CorelDRAW2019不仅具有非凡的图形创建和效果制作功能，而且有强大的文本编辑处理功能。在平面设计领域，编辑处理文本的重要性无须赘述，文本不仅是解读信息的字符，同时也是形式美感的载体。CorelDRAW2019提供了"美术文本"和"段落文本"两种模式的文本处理功能，"美术文本"为数量较少的文字编辑、特效制作提供了强大的技术支持，"段落"在应对大篇幅的文字编排上也有着强大的功能，比如"段落文本"的字符、段落格式化以及文本分栏、建立文本流等，都是非常方便而专业的。

第一节　文本的基本编辑

在CorelDRAW中，文本是具有特殊属性的图形对象。下面介绍在CorelDRAW2019中处理文本的一些基本编辑。

一、创建文本

CorelDRAW2019中的文本具有两种类型，分别是美术字文本和段落文本。它们在使用方法、应用编辑格式、应用特殊效果等方面有很大的区别。

1. 输入美术字文本

（1）选择"文本"工具，在绘图页面中单击鼠标左键，出现"I"形插入文本光标，这时属性栏显示为"文本"属性栏（图6-1）。

（2）选择字体，设置字号和字符属性。

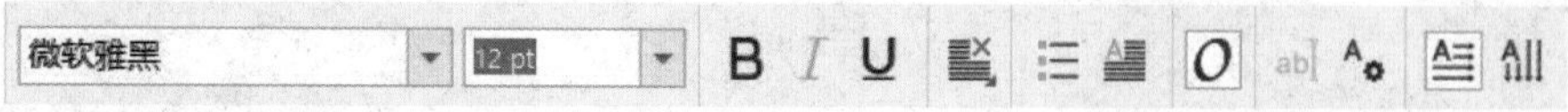

微软雅黑　　　▼　12 pt　▼　**B** *I* <u>U</u> 📄 ☰ ☰ 🅾 ab A 📄 ╎╎╎

图6-1　"文本"属性栏

（3）设置好后，直接输入美术字文本（图6-2）。

2．输入段落文本

（1）选择"文本"工具，在绘图页面中按住鼠标左键不放，沿对角线拖曳光标，出现一个矩形的文本框（图6-3）。

（2）松开鼠标左键，在"文本"属性栏中选择字体，设置字号和字符属性。

（3）设置好后，直接在虚线框中输入段落文本（图6-4）。

3．转换文本模式

（1）使用"选择"工具，选中美术字文本（图6-5）。

（2）选择"文本→转换为段落文本"命令，或按Ctrl+F8组合键，可以将其转换到段落文本（图6-6）。

（3）再次按Ctrl+F8组合键，可以将其转换为美术字文本（图6-7）。

我其实还敢站在前线上，但发现当面称为"同道"的，暗中将我作傀儡或从背后枪击我，却比敌人所伤更其悲哀。

现在你大嚷起来，惊起了较为清醒的几个人，使这不幸的少数者来受无可挽救的临终的苦楚，你倒以为对得起他们么?但我对于此后的方针，实在很有些徘徊不决，那就是做呢，还是教书?因为这两件事是势不两立的做文要热情，教书要冷静。

真正的勇士，敢于直面惨淡的人生，敢于正视淋漓的鲜血这是怎样的哀痛者和幸福者?

我先前总以为人是有罪，所以枪毙或坐监的。现在才知道其中的许多，是先因为被人认为『可恶』，这才终于犯了罪。民众的惩罚之心，并不下于学者和军阀。只要从来如此，便是宝贝……（墨守成规）

人生得一知己足矣，斯世当以同怀视之。

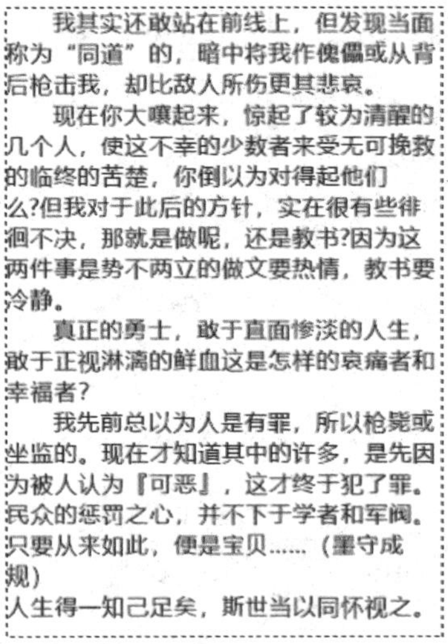

图6-4　输入段落文本

图6-5　选中文本

图6-2　美术字文本

图6-6　转换为段落文本

图6-3　文本框

图6-7　转换为美术字文本

— 补充要点 —

文本置入

利用剪切、复制和粘贴等命令，可以将其他文本处理软件中的文本复制到CorelDRAW2019的文本框中，如Office软件。当美术字文本转换成段落文本后，它就不是图形对象，也就不能进行特殊效果的操作，当段落文本转换成美术字文本后，它会失去段落文本的格式。

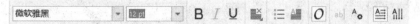

图6-8 "文本属性"栏

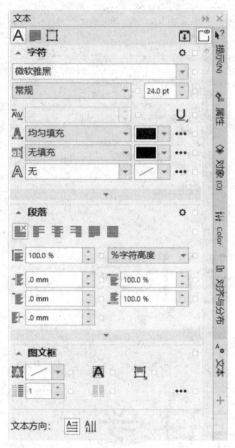

图6-9 "文本属性"面板

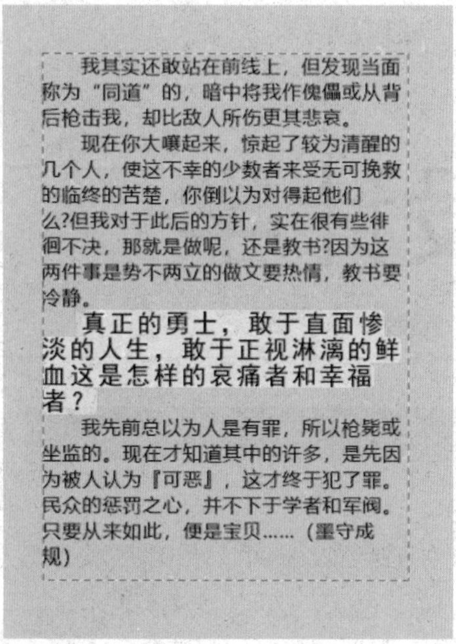

图6-10 选择字体

二、改变文本的属性

1. 在属性栏中改变文本的属性

选择"文本"工具，各选项的含义如下（图6-8）。

（1）字体。单击"字体列表"右侧的三角按钮，可以选取需要的字体。

（2）字号。单击"字体大小列表"右侧的三角按钮，可以选取需要的字号。

（3）"文本对齐"按钮。在其下拉列表中选择文本的对齐方式。

（4）"文本属性"按钮。打开"文本属性"面板。

（5）"编辑文本"按钮。打开"编辑文本"对话框，可以编辑文本的各种属性。

2. 利用"文本属性"泊坞窗改变文本的属性

单击属性栏中的"文本属性"按钮，打开"文本属性"面板，可以设置文字的字体及大小等属性（图6-9）。

三、文本编辑

（1）选择"文本"工具，在绘图页面中的文本中单击鼠标左键，插入鼠标指针并按住鼠标左键不放，拖曳光标可以选中需要的文本，松开鼠标左键。

（2）在"文本"属性栏中重新选择字体，设置好后，选中文本的字体被改变。在"文本"属性栏中还可以设置文本的其他属性（图6-10～图6-12）。

（3）选中需要填色的文本，在调色板中需要的颜色上单击鼠标左键，可以为选中的文本填充颜色（图6-13）。在页面上的任意位置单击鼠标左键，可以取消对文本的选取（图6-14）。

（4）按住Alt键并拖曳文本框，可以按文本框的大小改变段落文本的大小（图6-15、图6-16）。

（5）选中需要复制的文本，按Ctrl+C组合键，将选中的文本复制到Windows的剪贴板中。用光标在文本中其他位置单击，插入光标，再按Ctrl+V组合键，可以将选中的文本粘贴到文本中的其他位置。

（6）在文本中的任意位置插入鼠标的光标（图6-17），再按Ctrl+A组合键，可以将整个文本选中（图6-18）。

（7）选择"选择"工具，选中需要编辑的文本，单击属性栏中的"编辑文本"按钮，或选择"文本→编辑文本"命令，或按Ctrl+Shift+T

图6-11 "文本"属性栏

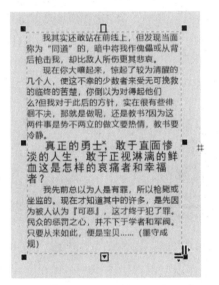

图6-12 字体改变

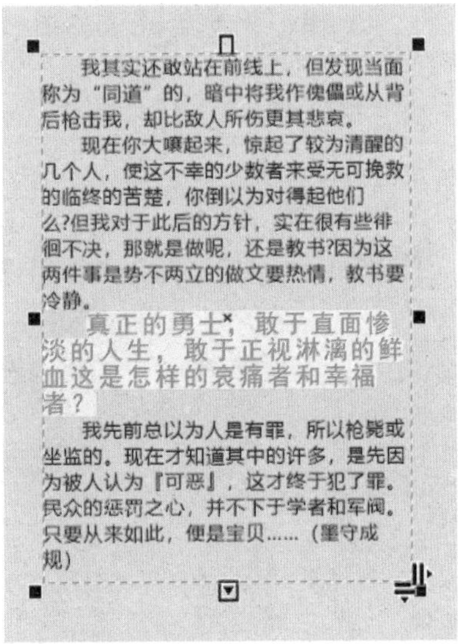

图6-13 选中文本

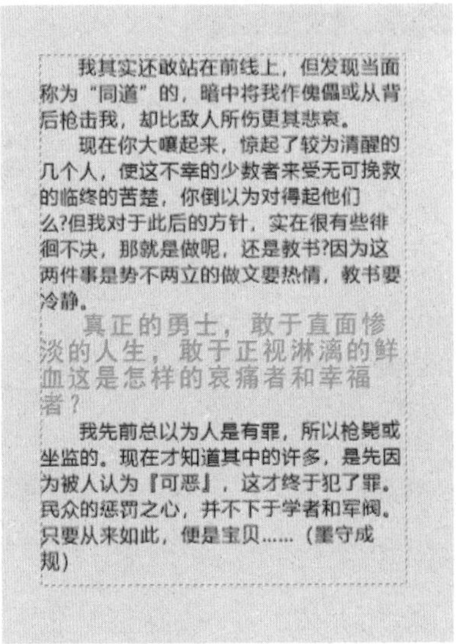

图6-14 填充颜色

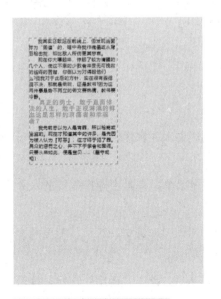

图6-15 按住Alt键拖曳文本框

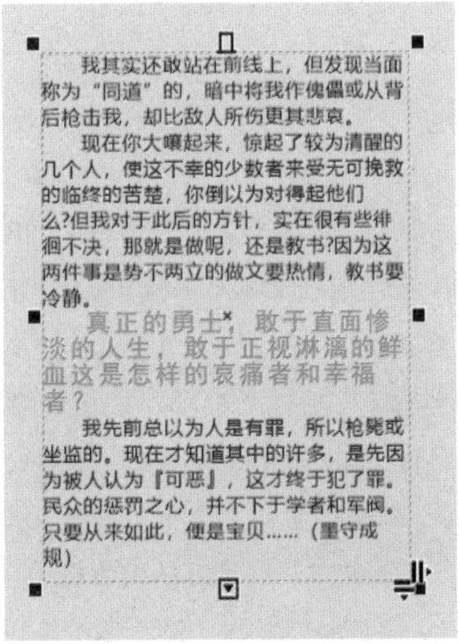

图6-16 改变段落文本的大小

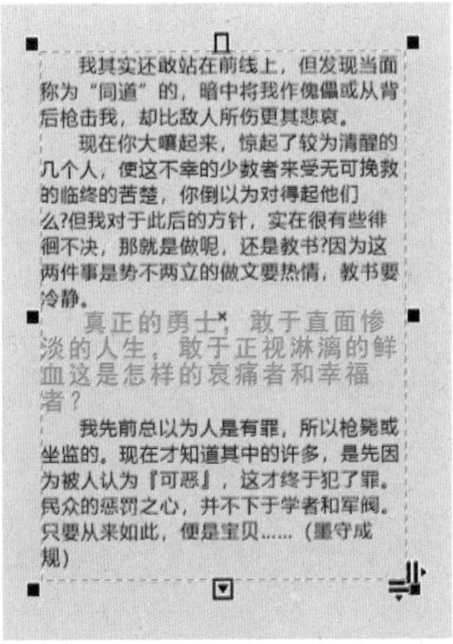

图6-17 插入鼠标的光标

图6-18　选中整个文本

图6-19　"编辑文本"对话框

图6-20　快捷菜单

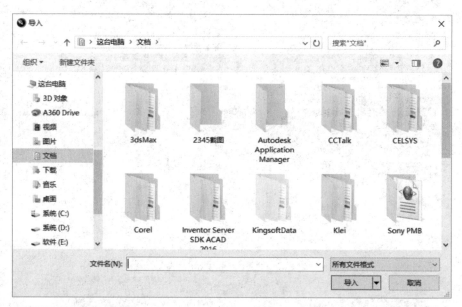

图6-21　"导入"对话框

组合键,弹出"编辑文本"对话框(图6-19)。

(8)在"编辑文本"对话框中,可以设置文本的属性,中间的文本栏可以输入需要的文本。

(9)单击下面的"选项"按钮,弹出快捷菜单,在其中选择需要的命令来完成编辑文本的操作(图6-20)。

(10)单击下面的"导入"按钮,弹出"导入"对话框,可以将需要的文本导入"编辑文本"对话框的文本框中(图6-21)。

(11)在"编辑文本"对话框中编辑好文本后,单击"确定"按钮,编辑好的文本内容就会出现在绘图页面中。

四、文本导入

在杂志、报纸的制作过程中，经常会将已编辑好的文本插入页面中，这些编辑好的文本都是用其他的字处理软件输入的。使用CorelDRAW2019的导入功能，可以方便快捷地完成输入文本的操作。

1. 使用剪贴板导入文本

CorelDRAW2019可以借助剪贴板在两个运行的程序间剪贴文本。一般可以使用的字处理软件有Word、WPS等。

（1）在Word、WPS等软件的文件中选中需要的文本，按Ctrl+C组合键，将文本复制到剪贴板。

（2）在CorelDRAW2019中选择"文本"工具，

在绘图页面中需要插入文本的位置单击鼠标左键，出现"I"形插入文本光标。按Ctrl+V组合键，将剪贴板中的文本粘贴到插入文本光标的位置，美术字文本的导入完成。

（3）在CorelDRAW2019中选择"文本"工具，在绘图页面中单击鼠标左键并拖曳光标绘制出一个文本框。按Ctrl+V组合键，将剪贴板中的文本粘贴到文本框中，段落文本的导入完成。

（4）选择"编辑→选择性粘贴"命令，弹出"选择性粘贴"对话框。在对话框中，可以将文本以图片、Word文档格式、纯文本Text格式导入，可以根据需要选择不同的导入格式（图6-22）。

2. 使用菜单命令导入文本

（1）选择"文件→导入"命令，或按Ctrl+I组合键，弹出"导入"对话框，选择需要导入的文本文件，单击"导入"按钮（图6-23）。

（2）在绘图页面上会出现"导入/粘贴文本"对话框，转换过程正在进行，如果单击"取消"按钮，可以取消文本的导入。选择需要的导入方式，单击"确定"按钮。

（3）转换过程完成后，在绘图页面中会出现一个标题光标，按住鼠标左键并拖曳光标绘制出文本

图6-22 "选择性粘贴"对话框

图6-23 "导入"对话框

框；松开鼠标左键，导入的文本出现在文本框中。如果文本框的大小不合适，可以用光标拖曳文本框边框的控制点调整文本框的大小。

－ 补充要点 －

自动增加页面

当导入的文本文字太多时，绘制的文本框将不能容纳这些文字，这时，CorelDRAW2019会自动增加新页面，并建立相同的文本框，将其余容纳不下的文字导入进去，直到全部导入完成为止。

五、字体设置

通过"文本"属性栏可以对美术字文本和段落文本的字体、字号的大小、字体样式和段落等属性进行简单的设置（图6-24）。

（1）选中文本，选择"文本→文本属性"命令，或单击"文本"属性栏中的"文本属性"按钮，或按Ctrl+T组合键，弹出"文本属性"泊坞窗（图6-25）。

图6-24　"文本"属性栏

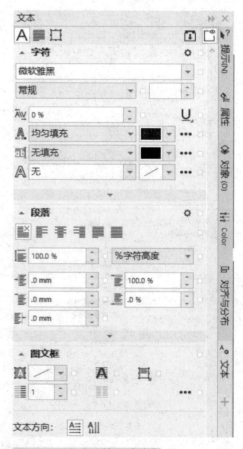

图6-25　"文本属性"泊坞窗

（2）在"文本属性"面板中，可以设置文本的字体、字号大小等属性；在"字距调整范围"选项中，可以设置字距；在"填充类型"设置区中，可以设置文本的填充颜色及轮廓宽度；在"字符偏移"设置区中可以设置位移和倾斜角度。

六、字体属性

字体属性的修改方法很简单，下面介绍使用"形状"工具修改字体属性的方法和技巧（图6-26）。

（1）用美术字模式在绘图页面中输入文本。选择"形状"工具，在每个文字的左下角将出现一个空心节点（图6-27）。

（2）使用"形状"工具单击第一个字的空心节点，使空心节点变为黑色（图6-28）。

（3）在属性栏中选择新的字体，第一个字的字体属性被改变。使用相同的方法，将第二个字的字体属性改变（图6-29）。

（4）按住Shift键，单击后两个字的空心节点使其同时变为黑色，在属性栏中选择新的字体，后两个字的字体属性同时被改变（图6-30）。

七、复制文本属性

使用复制文本属性的功能，可以快速地将不同的文本属性设置成相同的文本属性。下面介绍具体的复制方法：

（1）在绘图页面中输入两个不同文本属性的词语，选中文本（图6-31）。

（2）用鼠标的右键拖曳文本到另一文本上，鼠标的光标变为"复制文本属性"图标（图6-32）。

（3）单击鼠标右键，弹出快捷菜单（图6-33），选择"复制所有属性"命令（图6-34）。

图6-26　文本

图6-27　空心节点

图6-28　节点变为黑色

图6-29　选中后两个节点

图6-30　属性同时改变

图6-31　两个文本

图6-32　拖曳文本到另一文本上

图6-33　快捷菜单

图6-34　复制属性

八、设置间距

（1）输入美术字文本或段落文本（图6-35）。

（2）使用"形状"工具选中文本，文本的节点将处于编辑状态（图6-36）。

（3）用鼠标拖曳"字符间距"图标，可以调整文本中字符和字符的间距（图6-37）。拖曳"行间距"图标，可以调整文本中行的间距。使用键盘上的方向键，可以对文本进行微调（图6-38）。

（4）按住Shift键，将段落中第二行文字左下角的节点全部选中（图6-39）。

（5）将鼠标指针放在黑色的节点上并拖曳鼠标（图6-40）。

（6）可以将第二行文字移动到需要的位置。使用相同的方法可以对单个字进行移动调整（图6-41）。

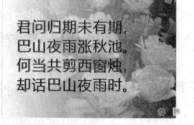

图6-35　段落文本

图6-36　处于编辑状态

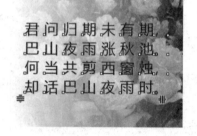

图6-37　调整字符间距

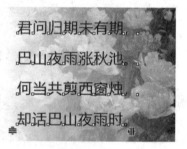

图6-38　调整行间距

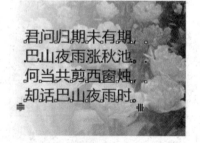

图6-39　全部选中节点

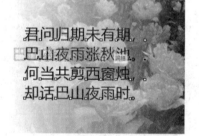

图6-40　拖曳鼠标

图6-41　移动调整

- 补充要点 -

文本属性

单击"文本"属性栏中的"文本属性"按钮，弹出"文本属性"面板，在"字距调整范围"选项的数值框中可以设置字符的间距；在"段落"设置区的"行间距"选项中可以设置行的间距，用来控制段落中行与行间的距离。

九、设置文本嵌线

1. 设置文本嵌线

（1）选中需要处理的文本（图6-42）。

（2）单击"文本"属性栏中的"文本属性"按钮，弹出"文本属性"面板。单击"下划线"按钮，在弹出的下拉列表中选择线型（图6-43、图6-44）。

（3）选中需要处理的文本（图6-45）。在"文本属性"面板中单击下拉按钮，弹出更多选项。

（4）在"字符删除线"选项的下拉列表中选择线型（图6-46、图6-47）。

（5）选中需要处理的文本（图6-48）。在"字符上划线"选项的下拉列表中选择线型（图6-49）。

图6-42　选中文本

图6-43　"下划线"按钮

图6-44　更改完成

图6-45　选中文本

图6-46　"字符删除线"选项

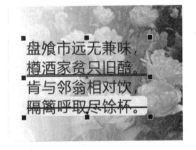

图6-47　更改完成

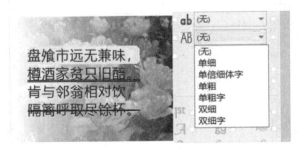

图6-48　选中文本

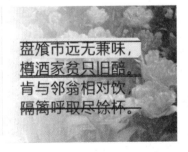

图6-49　更改完成

2. 设置文本上下标

（1）选中需要制作上标的文本（图6-50）。单击"文本"属性栏中的"文本属性"按钮，弹出"文本属性"面板。单击"位置"按钮，在弹出的下拉列表中选择"上标"选项（图6-51、图6-52）。

（2）选中需要制作下标的文本（图6-53）。

（3）单击"位置"按钮，在弹出的下拉列表中选择"下标"选项（图6-54、图6-55）。

3. 设置文本的排列方向（图6-56）

（1）选中文本，在"文本"属性栏中，单击"将文本更改为水平方向"按钮或"将文本更改为垂直方向"按钮，可以水平或垂直排列文本（图6-57）。

（2）选择"文本→文本属性"命令，弹出"文本属性"泊坞窗，单击"图文框"选项中选择文本的排列方向。该设置可以改变文本的排列方向（图6-58）。

图6-50 选中文本

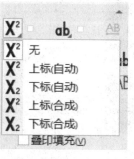
图6-51 "位置"按钮

图6-52 更改完成

图6-53 选中文本

图6-54 "位置"按钮

图6-55 更改完成

图6-56 排列方向

图6-57 垂直方向

图6-58 "文本属性"泊坞窗

十、设置制表位和制表符

1. 设置制表位

（1）选择"文本"工具，在绘图页面中绘制一个段落文本框，在上方的标尺上出现多个制表位（图6-59）。

（2）选择"文本→制表位"命令，弹出"制表位设置"对话框，在对话框中可以进行制表位的设置（图6-60）。

（3）在数值框中输入数值或调整数值，可以设置制表位的距离（图6-61）。

（4）在"制表位设置"对话框中，单击"对齐"选项，出现制表位对齐方式下拉列表，可以设置字符出现在制表位上的位置（图6-62）。

（5）在"制表位设置"对话框中，选中一个制表位，单击"移除"或"全部移除"按钮，可以删除制表位，单击"添加"按钮，可以增加制表位。设置好制表位后，单击"确定"按钮，可以完成制表位的设置。

2. 设置制表符

（1）选择"文本"工具，在绘图页面中绘制一个段落文本框（图6-63）。

（2）在上方的标尺上出现多个"L"形滑块，就是制表符（图6-64）。

（3）在任意一个制表符上单击鼠标右键，弹出快捷菜单，在快捷菜单中可以选择该制表符的对齐方式。也可以对网格、标尺和辅助线进行设置（图6-65）。

（4）在上方的标尺上拖曳"L"形滑块，可以将制表符移动到需要的位置（图6-66）。

（5）在标尺上的任意位置单击鼠标左键，可以添加一个制表符。将制表符拖放到标尺外，就可以删除该制表符。

图6-59　制表位

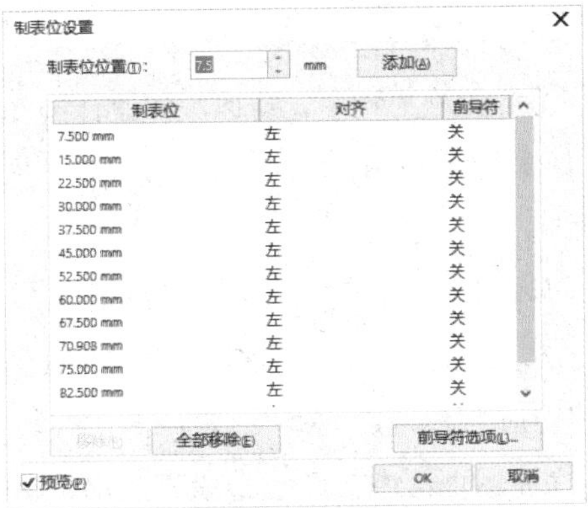

图6-60　"制表位设置"对话框

图6-61　数值框

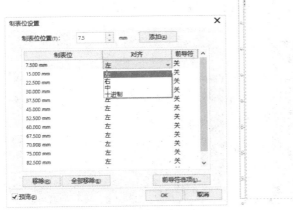

图6-62　制表位对齐方式下拉列表

图6-63　段落文本框

图6-64　制表符

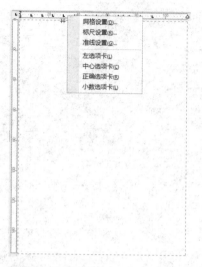

图6-65　快捷菜单

图6-66　拖曳"L"形滑块

第二节　文本的特效

在CorelDRAW2019中，可以根据设计制作任务的需要，制作多种文本效果。下面具体讲解文本效果的制作。

一、设置首字下沉和项目符号

1. 设置首字下沉

（1）在绘图页面中打开一个段落文本（图6-67）。选择"文本→首字下沉"命令，弹出"首字下沉"对话框，勾选"使用首字下沉"复选框（图6-68）。

图6-67　段落文本

图6-68　勾选"使用首字下沉"复选框

（2）单击"确定"按钮（图6-69）。

（3）勾选"首字下沉使用悬挂式缩进"复选框，单击"确定"按钮（图6-70）。

2. 设置项目符号

（1）在绘图页面中打开一个段落文本，选择"文本→项目符号"命令（图6-71）。

（2）弹出"项目符号"对话框，勾选"使用项目符号"复选框（图6-72）。

（3）在对话框"外观"设置区的"字体"选项中可以设置字体的类型；在"符号"选项中可以选择项目符号样式；在"大小"选项中可以设置字体符号的大小；在"基线偏移"选项中可以选择基线的距离。在"间距"设置区中可以调节文本和项目符号的缩进距离。

（4）设置需要的选项（图6-73）。单击"确定"按钮，段落文本中添加了新的项目符号（图6-74）。在段落文本中需要另起一段的位置插入光标，按Enter键，项目符号会自动添加在新段落前面（图6-75）。

图6-69　单击"确定"

图6-70　完成更改

图6-71　段落文本

图6-72　"项目符号"对话框

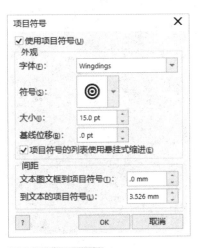

图6-73　设置选项

图6-74　完成更改

图6-75　自动添加项目符号

二、文本绕路径

（1）选择"文本"工具，在绘图页面中输入美术字文本。

（2）使用"椭圆形"工具绘制一个椭圆路径，选中美术字文本（图6-76）。

（3）选择"文本→使文本适合路径"命令，出现箭头图标，将箭头放在椭圆路径上，文本自动绕路径排列（图6-77）。

（4）单击鼠标左键确定（图6-78）。

（5）在属性栏中可以设置"文字方向""与路径距离"和"水平偏移"，通过设置可以产生多种文本绕路径的效果（图6-79）。

三、对齐文本

（1）选择"文本"工具，在绘图页面中输入段落文本。

（2）单击"文本"属性栏中的"段落"按钮，弹出其下拉列表，共有6种对齐方式（图6-80）。

（3）选择"文本泊坞窗"命令，单击"段落"按钮，切换到"段落"属性面板，单击段落旁的设置小图标，在下拉弹框中点击"调整"，弹出"间距设置"对话框，在对话框中可以选择文本的对齐方式（图6-81）。

①无。CorelDRAW2019默认的对齐方式。选择它将对文本不产生影响，文本可以自由地变换，但单纯的无对齐方式文本的边界会参差不齐。

②左。选择左对齐后，段落文本会以文本框的左边界对齐。

③居中。选择居中对齐后，段落文本的每一行都会在文本框中居中。

④右。选择右对齐后，段落文本会以文本框的右边界对齐。

图6-76　美术字文本

图6-77　箭头放在椭圆路径上

图6-78　文本绕路径

图6-79　"文本绕路径"属性栏

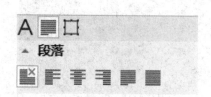

图6-80　"段落"下拉列表

图6-81　"间距设置"对话框

⑤全部调整。选择全部对齐后，段落文本的每一行都会同时对齐文本框的左右两端。

⑥强制调整。选择强制全部对齐后，可以对段落文本的所有格式进行调整。选中进行过移动调整的文本（图6-82），选择"文本→对齐基线"命令，可以将文本重新对齐（图6-83）。

四、内置文本

（1）选择"文本"工具，在绘图页面中输入美术字文本（图6-84）。

（2）使用"基本形状"工具绘制一个图形，选中美术字文本（图6-85）。

（3）用鼠标右键拖曳文本到图形内，光标变为十字形的圆环。

（4）松开鼠标右键，弹出快捷菜单，选择"内置文本"命令（图6-86）。

（5）文本被置入图形内，美术字文本自动转换为段落文本（图6-87）。

（6）选择"文本→段落文本框→使文本适合框架"命令，文本和图形对象基本适配（图6-88）。

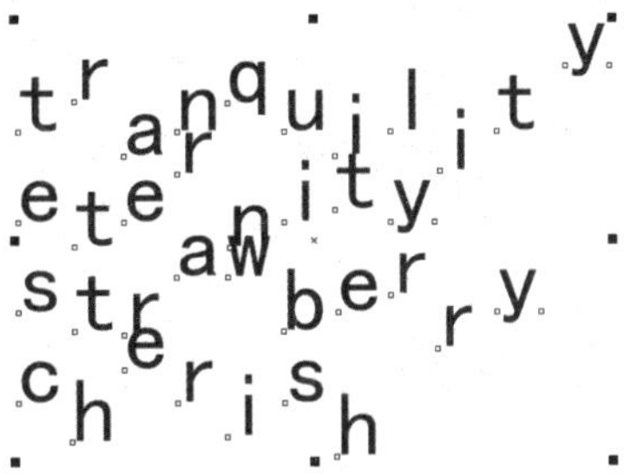

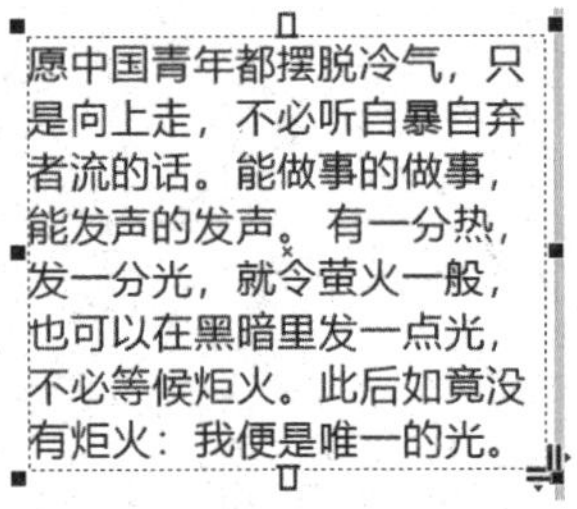

图6-84 美术字文本

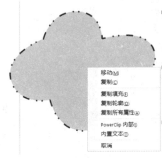

图6-85 绘制图形

图6-86 快捷菜单

图6-82 移动调整文本

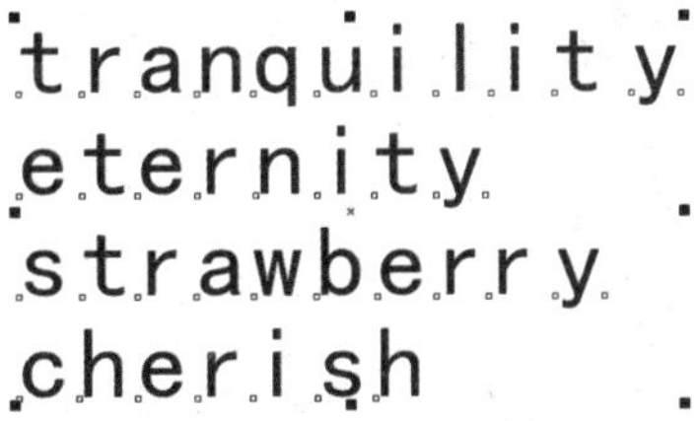

图6-87 文本置入图形内

图6-83 重新对齐

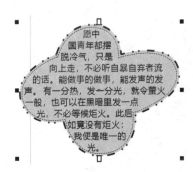

图6-88 文本图形对象基本适配

图6-89　文本

图6-90　拖曳鼠标

图6-91　显示出被遮住的文字

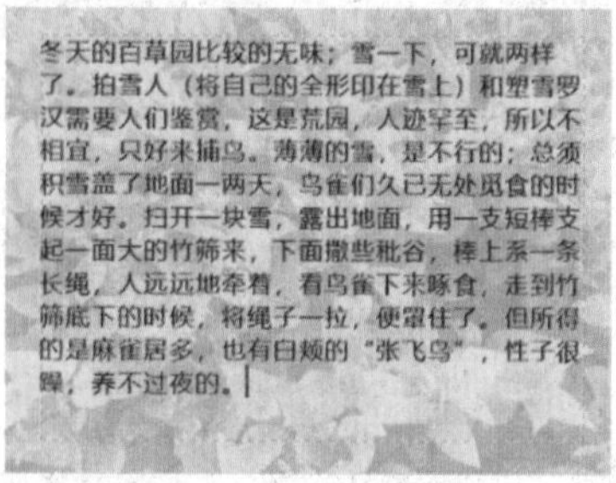

图6-92　段落文本

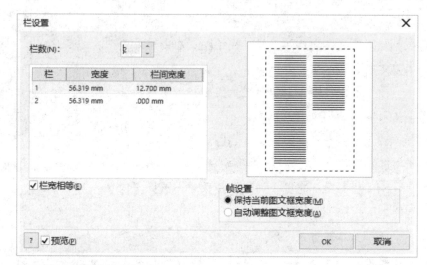

图6-93　"栏设置"对话框

五、段落文字的连接

在文本框中经常出现文本被遮住而不能完全显示的问题，通过调整文本框的大小使文本完全显示，通过多个文本框的连接来使文本完全显示。

（1）选择"文本"工具，单击文本框下部的图标，鼠标指针变为"文本框"形状（图6-89）。

（2）在页面中按住鼠标左键不放，沿对角线拖曳鼠标，绘制一个新的文本框（图6-90）。

（3）松开鼠标左键，在新绘制的文本框中显示被遮住的文字，拖曳文本框到适当的位置（图6-91）。

六、段落分栏

（1）选择一个段落文本，选择"文本→栏"命令（图6-92）。

（2）弹出"栏设置"对话框（图6-93）。

（3）将"栏数"选项设置为"2"，栏间宽度设置为"12.7mm"，设置好后，单击"确定"按钮，段落文本被分为两栏（图6-94）。

图6-94　段落文本分为两栏

七、文本绕图

CorelDRAW2019提供了多种文本绕图的形式，应用好文本绕图可以使设计制作的杂志或报纸更加生动美观。

（1）选择"文件→导入"命令，或按Ctrl+I组合键，弹出"导入"对话框。

（2）在对话框的"查找范围"列表框中选择需要的文件夹，在文件夹中选取需要的位图文件，单击"导入"按钮，在页面中单击鼠标左键，位图被导入页面中。

（3）将位图调整到段落文本中的适当位置（图6-95）。

（4）在位图上单击鼠标右键，在弹出的快捷菜单中选择"段落文本换行"命令（图6-96、图6-97）。

（5）在属性栏中单击"文本换行"按钮，在弹出的下拉菜单中可以设置换行样式，在"文本换行偏移"选项的数值框中可以设置偏移距离（图6-98）。

八、插入字符

（1）选择"文本"工具，在文本中需要的位置单击鼠标左键插入光标（图6-99）。

（2）选择"文本→字形"命令，或按Ctrl+FII组合键，弹出"字形"泊坞窗（图6-100）。

（3）在需要的字符上双击鼠标左键，或选中字符后单击"插入"按钮，字符插入文本中（图6-101）。

图6-95　调整位图

图6-96　段落文本换行

图6-97　文本绕图

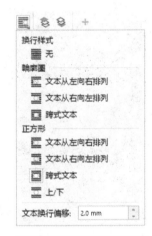

图6-98　"文本换行偏移"
选项数值框

图6-99　插入光标

图6-100　"字形"泊坞窗

图6-101　字符插入文本

浮光掠影　　浮光掠影　　浮光掠影

图6-102　选中文本 　　　　　图6-103　文本转化曲线 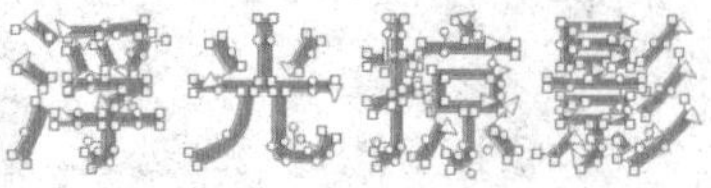　　　　图6-104　修改文本的形状

九、将文字转化为曲线

使用CorelDRAW2019编辑好美术文本后，通常需要把文本转换为曲线。转换后既可以对美术文本任意变形，又可以使转曲后的文本对象不会丢失其文本格式。具体操作步骤如下：

（1）选择"选择"工具选中文本（图6-102）。

（2）选择"对象→转换为曲线"命令，或按Ctrl+Q组合键，将文本转化为曲线（图6-103）。

（3）用"形状"工具对曲线文本进行编辑，并修改文本的形状（图6-104）。

十、创建文字

应用CorelDRAW2019的独特功能，可以轻松地创建出计算机字库中没有的汉字，方法其实很简单，下面介绍具体的创建方法：

（1）使用"文本"工具输入两个具有创建文字所需偏旁的汉字（图6-105）。

（2）用"选择"工具选取文字。按Ctrl+Q组合键，将文字转换为曲线（图6-106）。

（3）再按Ctrl+K组合键，将转换为曲线的文字打散（图6-107）。

（4）选择"选择"工具选取所需偏旁，将其移到创建文字的位置，进行组合（图6-108）。

（5）组合好新文字后，用"选择"工具圈选新文字，再按Ctrl+G组合键，将新文字组合，新文字就制作完成了（图6-109）。

绘溪　　绘溪　　氵纟　　浍缫　　浍缫

图6-105　输入所需偏旁的汉字 　　图6-106　文字转换曲线 　　图6-107　文字打散 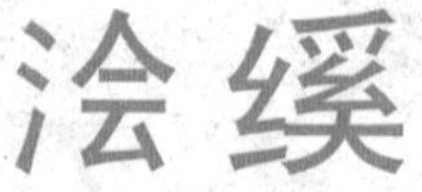　　图6-108　移动 　　图6-109　制作完成

本章总结

　　本章主要介绍了CorelDRAW2019所具备的强大的文本输入、编辑和处理功能，详细讲解了CorelDRAW2019中常规文本的输入和编辑，以及怎样进行一些复杂的特效文本处理。通过学习本章的内容，读者可以了解并掌握应用CorelDRAW2019编辑文本的方法和技巧。

课后练习

1. CorelDRAW2019中的文本有几种类型？分别是什么？

2. 段落文本和美术文本的区别在哪里？它们之间能互相转换吗？

3. 怎样将其他文本处理软件中的文本复制到CorelDRAW2019的文本框中？

4. 段落文本中的文字可以在绘图页面中用鼠标直接进行拖曳来改变其大小吗？

5. 在文本框中导入一段文字后，文本框下端出现一个黑色倒三角形状，这是什么意思？

6. 怎样复制文本属性，在CorelDRAW2019绘图页面进行文本属性复制的练习。

7. 制表位和制表符分别有什么作用？

8. 段落文本可以制作文本绕路径的特效吗？

9. 转化为曲线后的文字，在进行节点编辑后，还能再转化为美术文本或段落文本吗？

10. 考察周边的商场，为你喜欢的品牌商家制作一张宣传海报，要求图文并茂，文字形态丰富多样。

第七章
位图的编辑

PPT 课件

教学视频

素材

学习难度：★ ★ ★ ☆ ☆
重点概念：导入、转换、调整、滤镜

≺ 章节导读：

　　CorelDRAW2019不仅是专业的矢量图形软件，而且还提供了强大的位图编辑功能，它具有强大的位图转换、调整和位图特效功能。矢量图与位图之间、CorelDRAW 的CDR格式与其他文件格式都可以通过"转换成位图"和"导出"来进行互换，能帮助我们更好地进行多样的图文编排。

第一节　位图的导入与转换

　　CorelDRAW2019提供了导入位图和将矢量图形转换为位图的功能，下面介绍导入并转换为位图的具体操作方法。

一、导入位图

　　（1）选择"文件→导入"命令，或按Ctrl+I组合键，弹出"导入"对话框（图7-1）。

　　（2）在对话框中的"查找范围"列表框中选择需要的文件夹，在文件夹中选中需要的位图文件。

　　（3）选中需要的位图文件后，单击"导入"按钮，鼠标的光标变为"导入图形"状时，在绘图页面中单击鼠标左键，位图被导入绘图页面（图7-2）。

- 补充要点 -

裁剪

　　将位图"导入"到绘图区后，可以对位图进行裁剪、重新取样和调整大小。"裁剪"用于移除不需要的部分。比如要将位图裁剪成矩形，可以使用"裁剪"工具对其裁剪。要将位图裁剪成不规则形状，可以使用"形状"工具对位图周边进行节点增设、移动或调整节点的手柄来完成。

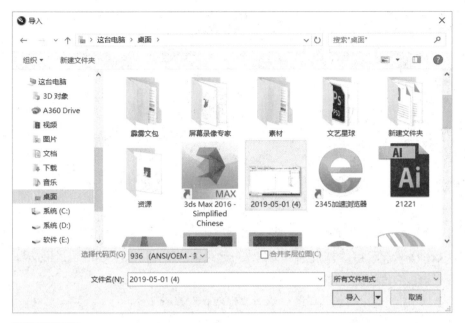

图7-1 导入

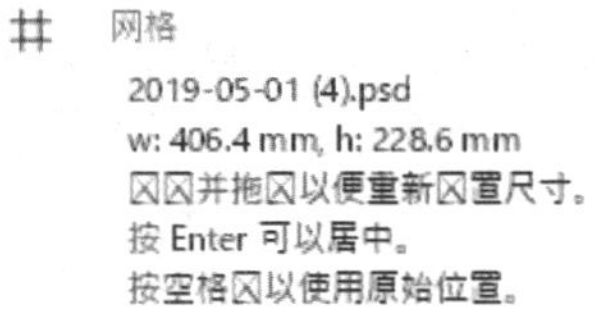

图7-2 导入图形

二、转换为位图

CorelDRAW2019提供了将矢量图形转换为位图的功能。下面介绍具体的操作方法。打开一个矢量图形并保持其选取状态，选择"位图→转换为位图"命令，弹出"转换为位图"对话框（图7-3）。

1. 分辨率

在弹出的下拉列表中选择要转换为位图的分辨率。

2. 颜色模式

在弹出的下拉列表中选择要转换的色彩模式。

3. 光滑处理

可以在转换成位图后消除位图的锯齿。

4. 透明背景

可以在转换成位图后保留原对象的通透性。

图7-3 "转换为位图"对话框

– 补充要点 –

位图分辨率

对位图重新取样时，可以通过添加或移除像素更改图像、分辨率或同时更改两者。如果未更改分辨率就放大图像，图像可能会由于像素扩散范围较大而丢失细节。通过重新取样，可以增加像素以保留原始图像的更多细节。调整图像大小可以使像素的数量无论在较大区域还是较小区域中均保持不变。增加取样就是通过添加像素保持原始图像的一些细节。如要保持图像文件大小，可以启用对话框中的"保持原始大小"复选框。

第二节　位图的滤镜特效

CorelDRAW2019提供了多种滤镜，可以对位图进行各种效果的处理。灵活使用位图的滤镜，可以为设计的作品增色不少。下面具体介绍滤镜的使用方法。

一、三维效果

选取导入的位图，选择"效果→三维效果"子菜单下的命令。CorelDRAW2019提供了7种不同的三维效果，下面介绍几种常用的三维效果。

1. 三维旋转

（1）选择"效果→三维效果→三维旋转"命令（图7-4），弹出"三维旋转"对话框。

（2）单击对话框中的"窗口"按钮，显示对照预览窗口，左窗口显示的是位图原始效果，右窗口显示的是完成各项设置后的位图效果（图7-5）。

对话框中各选项的含义如下：

①立方体图标：用鼠标拖曳立方体图标，可以设定图像的旋转角度。

②垂直：可以设置绕垂直轴旋转的角度。

③水平：可以设置绕水平轴旋转的角度。

④最适合：经过三维旋转后的位图尺寸将接近原来的位图尺寸。

⑤预览：预览设置后的三维旋转效果。

⑥重置：对所有参数重新设置。

⑦锁：可以在改变设置时自动更新预览效果。

图7-4 "效果→三维效果→三维旋转"命令

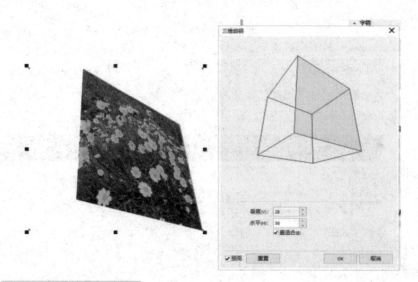

图7-5 "三维旋转"对话框

2. 柱面

（1）选择"效果→三维效果→柱面"命令，弹出"柱面"对话框。

（2）单击对话框中的"窗口"按钮，显示对照预览窗口（图7-6）。

对话框中各选项的含义如下：

①柱面模式：可以选择"水平"或"垂直的"模式。

②百分比：可以设置水平或垂直模式的百分比。

3. 卷页

①选择"效果→三维效果→卷页"命令，弹出"卷页"对话框。

②单击对话框中的"窗口"按钮，显示对照预览窗口（图7-7）。

对话框中各选项的含义如下：

①卷页：4个卷页类型按钮，可以设置位图卷起页角的位置。

②定向：选择"垂直的"和"水平"两个单选项，可以设置卷页效果的卷起边缘。

③纸张："不透明"和"透明的"两个单选项可以设置卷页部分是否透明。

④卷曲：可以设置卷页颜色。

⑤背景：可以设置卷页后面的背景颜色。

图7-6 "柱面"对话框

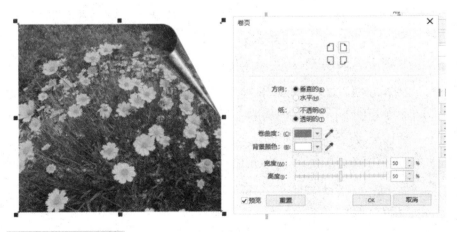

图7-7 "卷页"对话框

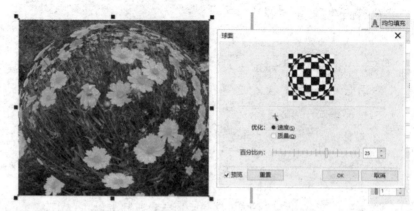

图7-8 "球面"对话框

⑥宽度：可以设置卷页的宽度。

⑦高度：可以设置卷页的高度。

4．球面

①选择"效果→三维效果→球面"命令，弹出"球面"对话框。

②单击对话框中的"窗口"拉钮，显示对照预览窗口（图7-8）。

对话框中各选项的含义如下：

①优化：可以选择"速度"和"质量"选项。

②百分比：可以控制位图球面化的程度。

③中心点：用来在预览窗口中设定变形的中心点。

- 补充要点 -

位图滤镜

有关CorelDRAW2019千变万化的位图滤镜效果，可以在"位图"菜单中逐一试用，将每一种滤镜所生成的效果存储成自己的文件记录下来，以备制造视觉效果的不时之需。

图7-9 艺术笔触

二、艺术笔触

选中位图，选择"位图→艺术笔触"子菜单下的命令，CorelDRAW2019提供了14种不同的艺术笔触效果。下面介绍常用的几种艺术笔触（图7-9）。

1．炭笔画

（1）选择"位图→艺术笔触→炭笔画"命令，弹出"炭笔画"对话框。

（2）单击对话框中的"窗口"按钮，显示对照预览窗口（图7-10）。

对话框中各选项的含义如下：

①大小：可以设置位图炭笔画的像素大小。

图7-10 "炭笔画"对话框

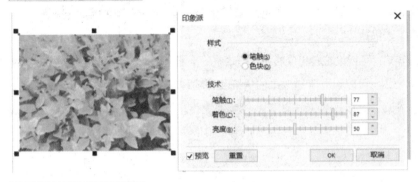

图7-11 "印象派"对话框

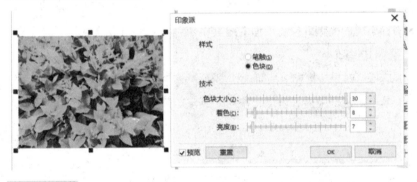

图7-12 调整

②边缘：可以设置位图炭笔画的黑白度。

2. 印象派

（1）选择"效果→艺术笔触→印象派"命令，弹出"印象派"对话框。

（2）单击对话框中的"窗口"按钮，显示对照预览窗口（图7-11、图7-12）。

对话框中各选项的含义如下：

①样式：选择"笔触"或"色块"选项，会得到不同的印象派位图效果。

②笔触：可以设置印象派效果笔触大小及其强度。

③着色：可以调整印象派效果的颜色，数值越大，颜色越重。

④亮度：可以对印象派效果的亮度进行调节。

3. 调色刀

（1）选择"效果→艺术笔触→调色刀"命令，弹出"调色刀"对话框。

（2）单击对话框中的回按钮，显示对照预览窗口。

对话框中各选项的含义如下：

①刀片尺寸：可以设置笔触的锋利程度，数值越小，笔触越锋利，位图

的刻画效果越明显。

②柔软边缘：可以设置笔触的坚硬程度，数值越大，位图的刻画效果越平滑。

③角度：可以设置笔触的角度。

4．素描

（1）选择"效果→艺术笔触→素描"命令，弹出"素描"对话框。

（2）单击对话框中的"窗口"按钮，显示对照预览窗口（图7-13）。

对话框中各选项的含义如下：

①铅笔类型：可选择"碳色"或"颜色"类型，不同的类型可以产生不同的位图素描效果。

②样式：可以设置石墨或彩色素描效果的平滑度。

③笔芯：可以设置素描效果的精细和粗糙程度。

④轮廓：可以设置素描效果的轮廓线宽度。

三、模糊

选中一张图片，选择"效果→模糊"子菜单下的命令，CorelDRAW2019提供了10种不同的模糊效果。下面介绍其中两种常用的模糊效果。

1．高斯式模糊

（1）选择"效果→模糊→高斯式模糊"命令，弹出"高斯式模糊"对话框。

（2）单击对话框中的"窗口"按钮，显示对照预览窗口（图7-14）。

图7-13 "素描"对话框

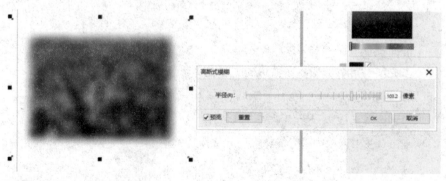

图7-14 "高斯式模糊"对话框

对话框中选项的含义如下：

半径：可以设置高斯模糊的程度。

2. 缩放

（1）选择"效果→模糊→缩放"命令，弹出"缩放"对话框。

（2）单击对话框中的"窗口"按钮，显示对照预览窗口（图7-15）。

对话框中各选项的含义如下：

①"+"：在左边的原始图像预览框中单击鼠标左键，可以确定移动模糊的中心位置。

②数量：可以设定图像的模糊程度（图7-16）。

四、轮廓图

选中位图，选择"效果→轮廓图"子菜单下的命令，CorelDRAW2019提供了3种不同的轮廓图效果。下面介绍其中两种常用的轮廓图效果（图7-17）。

1. 边缘检测

选择"效果→轮廓图→边缘检测"命令，弹出"边缘检测"对话框（图7-18）。

对话框中各选项的含义如下：

①背景色：用来设定图像的背景颜色为白色、黑色或其他颜色。

图7-15 "缩放"对话框

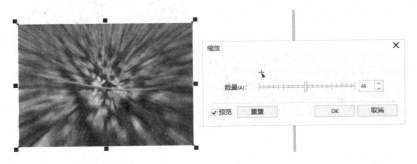

图7-16 调整模糊程度

图7-17 "效果→轮廓图"子菜单

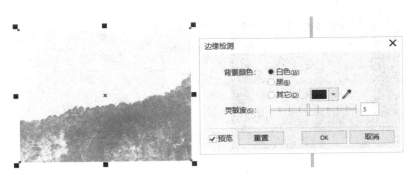

图7-18 "边缘检测"对话框

②吸管：可以在位图中吸取背景色。

③灵敏度：用来设定探测边缘的灵敏度。

2. 查找边缘

选择"效果→轮廓图→查找边缘"命令，弹出"查找边缘"对话框（图7-19）。

对话框中各选项的含义如下：

①边缘类型：有"软"和"纯色"两种类型，选择不同的类型，会得到不同的效果。

②层次：可以设定效果的纯度，原图如图7-20所示。

五、创造性

选中位图，选择"效果→创造性"子菜单下的命令，CorelDRAW2019提供了14种不同的创造性效果。下面介绍几种常用的创造性效果（图7-21）。

1. 框架

选择"效果→创造性→框架"命令，弹出"框架"对话框（图7-22）。对话框中各选项的含义如下：

（1）"选择"选项卡：用来选择框架，并为选取的列表添加新框架。

（2）"修改"选项卡：用来对框架进行修改，此选项卡中各选项的含义如下：

①颜色、不透明：用来设定框架的颜色和不透明度。

②模糊／羽化：用来设定框架边缘的模糊及羽化程度。

③调和：用来选择框架与图像之间的混合方式。

④水平、垂直：用来设定框架的大小比例。

⑤旋转：用来设定框架的旋转角度。

⑥翻转：用来将框架垂直或水平翻转。

⑦对齐：用来在图像窗口中设定框架效果的中

图7-19 "查找边缘"对话框

图7-20 原图

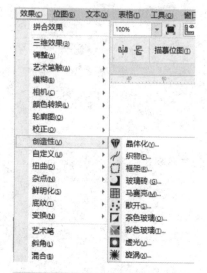

图7-21 "效果→创造性"子菜单

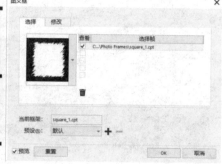

图7-22 "框架"对话框

心点。

⑧回到中心位置：用来在图像窗口中重新设定中心点。

2．马赛克

选择"效果→创造性→马赛克"命令，弹出"马赛克"对话框（图7-23）。

对话框中各选项的含义如下：

①大小：设置马赛克显示的大小。

②背景色：设置马赛克的背景颜色。

③虚光：为马赛克图像添加模糊的羽化框架。

3．彩色玻璃

选择"效果→创造性→彩色玻璃"命令，弹出"彩色玻璃"对话框（图7-24）。

对话框中各选项的含义如下：

①大小：设定彩色玻璃块的大小。

②光源强度：设定彩色玻璃的光源的强度。强度越小，显示越暗，强度越大，显示越亮。

③焊接宽度：设定玻璃块焊接处的宽度。

④焊接颜色：设定玻璃块焊接处的颜色。

⑤三维照明：显示彩色玻璃图像的三维照明效果。

4．虚光

选择"效果→创造性→虚光"命令，弹出"虚光"对话框（图7-25）。

图7-23 "马赛克"对话框

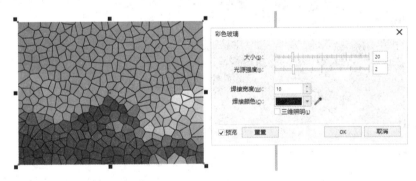

图7-24 "彩色玻璃"对话框

图7-25 "虚光"对话框

图7-26　原图

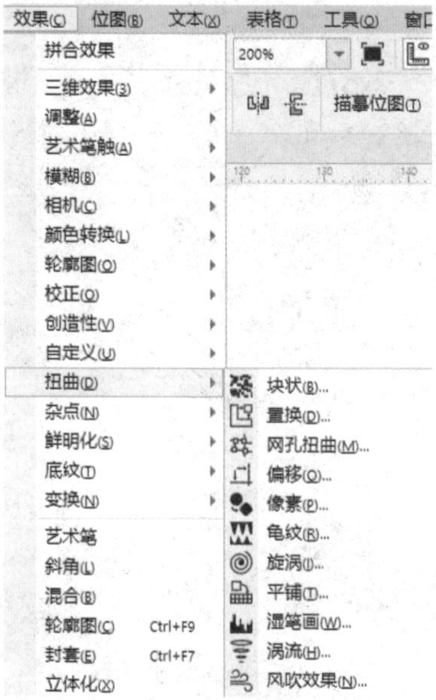

图7-27　"效果→扭曲"子菜单

对话框中各选项的含义如下：

①颜色：设定光照的颜色。

②形状：设定光照的形状。

③偏移：设定框架的大小。

④褪色：设定图像与虚光框架的混合程度，原图如图7-26所示。

六、扭曲

选中位图，选择"效果→扭曲"子菜单下的命令，CorelDRAW2019提供了11种不同的扭曲效果。下面介绍几种常用的扭曲效果（图7-27）。

1. 块状

选择"效果→扭曲→块状"命令，弹出"块状"对话框（图7-28）。

对话框中各选项的含义如下：

①未定义区域：在其下拉列表中可以设定背景部分的颜色。

②块宽度、块高度：设定块状图像的尺寸大小。

③最大偏移：设定块状图像的打散程度。

2. 置换

选择"效果→扭曲→置换"命令，弹出"置换"对话框（图7-29）。

图7-28　"块状"对话框

图7-29　"置换"对话框

对话框中各选项的含义如下：

①缩放模式：可以选择"平铺"或"伸展适合"两种模式。

②翻：可以选择置换的图形。

3. 像素

选择"效果→扭曲→像素"命令，弹出"像素"对话框（图7-30）。

对话框中各选项的含义如下：

①像素化模式：当选择"射线"模式时，可以在预览窗口中设定像素化的中心点。

②宽度、高度：设定像素色块的大小。

③不透明：设定像素色块的不透明度，数值越小，色块就越透明。

4. 龟纹

选择"效果→扭曲→龟纹"命令，弹出"龟纹"对话框（图7-31）。

对话框中选项的含义如下：

周期、振幅：默认的波纹是与图像的顶端和底端平行的。拖曳此滑块，可以设定波纹的周期和振幅，在上边可以看到波纹的形状。

图7-30 "像素"对话框

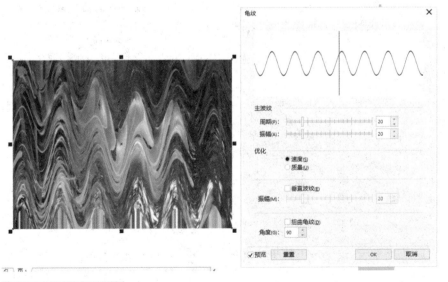

图7-31 "龟纹"对话框

- 补充要点 -

位图的调整和转换

CorelDRAW2019对位图的调整和转换功能，运用它来进行矢量图制作和图文编辑，但CorelDRAW并没有放弃图像滤镜效果制造的功能，与Photoshop和Painter软件一样都附加了图像滤镜特效的功能。为运用CorelDRAW独立平台进行艺术设计和CG创作提供了支持。

CorelDRAW2019的滤镜特效中，既有效果的制造，也有图像变形的加工，可谓是千变万化。但在实际应用中，要根据设计任务表现的需要适当选用，就像颜色对于绘画色彩一样，并非越多越好。单纯地炫耀特技、特效显然不是视觉艺术设计表现的境界和目的。

本章总结

本章通过介绍位图的导入、矢量图与位图的转换，以及通过滤镜对位图进行多种效果的处理，阐述了CorelDRAW2019对位图的编辑功能。可以从中看到CorelDRAW2019对位图处理的强大功能和优良的效果，并不亚于Photoshop等图像处理软件，为进行图文编辑和艺术设计表现提供了一个良好的跨界通用平台。

课后练习

1. CorelDRAW2019中导入位图有几种方法？分别是什么？

2. 若要对导入位图的形状进行编辑，可以使用哪些工具？

3. 将矢量图转换为位图时，调节分辨率能起到什么作用？

4. CorelDRAW2019提供了哪几种滤镜效果？

5. 怎样对位图的三维效果进行角度的旋转？

6. 在利用CorelDRAW2019进行绘图时，一般什么情况下需要用到"模糊"效果？

7. "边缘检测"和"查找边缘"的作用有什么不同？

8. 在CorelDRAW2019的工作区导入一张位图，并尝试将这张位图转换为矢量图。

9. 在网上挑选下载一张你喜欢的图片，将这张图片导入CorelDRAW中并进行滤镜处理。

第八章
特殊效果的应用

PPT 课件

教学视频

素材

学习难度：★ ★ ★ ☆ ☆
重点概念：剪裁、通道、透视、立体

◁ **章节导读：**

　　除了基本的文字和图形的编辑外，CorelDRAW2019还提供了多种特殊效果的工具和命令。可以利用固定的图框对图片进行精确剪裁、对图片进行亮度、对比度和强度的调整，以及对图片进行阴影、透明和轮廓效果的制作等，通过应用这些工具和命令，可以更好地制作出丰富完美的图形特效。

第一节　图框精确剪裁和色调的调整

　　在CorelDRAW2019中，使用图框精确剪裁，可以将一个对象内置于另一个容器对象中。内置的对象可以是任意的，但容器对象必须是创建的封闭路径。使用色调调整命令可以调整图形。下面具体讲解如何置入图形和调整图形的色调。

　　一、图框精确剪裁效果

　　在CorelDRAW2019中，要将一个对象内置于另一个容器对象中时，需要使用图框精确剪裁，内置的对象可以是任意的，但容器对象必须是创建的封闭路径。

　　（1）打开一张图片，再绘制一个图形作为容器对象。

　　（2）使用"选择"工具，选中要用来内置的图片（图8-1）。

　　（3）选择"对象→PowerClip→置于图文框内部"命令（图8-2）。鼠标的指针变为黑色箭头，将箭头放在容器对象内并单击（图8-3），内置图形的中

图8-1　选中图片

图8-2　"对象→PowerClip→置于图文框内部"命令

图8-3　箭头放在容器对象内

图8-4　完成剪裁

图8-5　"对象→PowerClip→提取内容"命令

图8-6　"对象→PowerClip→编辑PowerClip命令

心和容器对象的中心是重合的（图8-4）。

（4）选择"对象→PowerClip→提取内容"命令，可以将容器对象内的内置位图提取出来（图8-5）。

（5）选择"对象→PowerClip→编辑PowerClip命令，可以修改内置对象（图8-6）。

（6）选择"对象→PowerClip→复制PowerClip"命令，鼠标的指针变为黑色箭头，将箭头放在图框精确剪裁对象上并单击，可复制内置对象

（图8-7）。

二、调整亮度、对比度和强度

（1）打开一个图形。选择"效果→调整→亮度／对比度／强度"命令，或按Ctrl+B组合键（图8-8）。

（2）弹出"亮度／对比度／强度"对话框，用光标拖曳滑块可以设置各项的数值（图8-9）。

① "亮度"选项：可以调整图形颜色的深浅变化，也就是增加或减少所有像素值的色调范围。

② "对比度"选项：可以调整图形颜色的对比，也就是调整最浅和最深像素值之间的差。

③ "强度"选项：可以调整图形浅色区域的亮度，同时不降低深色区域的亮度。

④ "预览"按钮：可以预览色调的调整效果。

⑤ "重置"按钮：可以重新调整色凋。

（3）调整好后，单击"确定"按钮（图8-10）。

三、调整颜色通道

（1）打开一个图形。选择"效果→调整→颜色平衡"命令，或按Ctrl+Shift+B组合键（图8-11）。

（2）弹出"颜色平衡"对话框，用光标拖曳滑块可以设置各选项的数值（图8-12）。

在对话框的"范围"设置区中有4个复选框，可以共同或分别设置对象的颜色调整范围。

图8-7 "对象→PowerClip→复制PowerClip自"命令

图8-8 图形

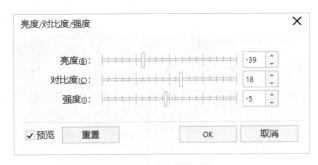

图8-9 "亮度／对比度／强度"对话框

图8-10 调整完成

图8-11 图形

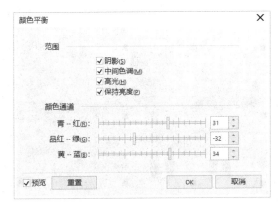

图8-12 "颜色平衡"对话框

①"阴影"复选框：可以对图形阴影区域的颜色进行调整。

②"中间色调"复选框：可以对图形中间色调的颜色进行调整。

③"高光"复选框：可以对图形高光区域的颜色进行调整。

④"保持亮度"复选框：可以在对图形进行颜色调整的同时保持图形的亮度。

⑤"青—红"选项：可以在图形中添加青色和红色。向右移动滑块将添加红色，向左移动滑块将添加青色。

⑥"品红—绿"选项：可以在图形中添加品红色和绿色。向右移动滑块将添加绿色，向左移动滑块将添加品红色。

⑦"黄—蓝"选项：可以在图形中添加黄色和蓝色。向右移动滑块将添加蓝色，向左移动滑块将添加黄色。

（3）调整好后，单击"确定"按钮（图8-13）。

四、调整色度、饱和度和亮度

（1）打开一个要调整色调的图形，选择"效果→调整→色度饱和度／亮度"命令，或按Ctrl+Shift+U组合键（图8-14）。

（2）弹出"色度／饱和度／亮度"对话框，用光标拖曳滑块可以设置其数值（图8-15）。

①"通道"选项组：可以选择要调整的主要颜色。

②"色度"选项：可以改变图形的颜色。

③"饱和度"选项：可以改变图形颜色的深浅程度。

④"亮度"选项：可以改变图形的明暗程度。

（3）调整好后，单击"确定"按钮（图8-16）。

图8-13 调整完成

图8-14 图形

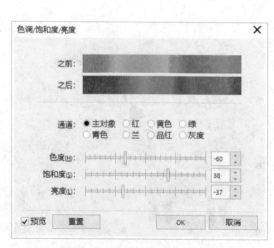

图8-15 "色度／饱和度／亮度"对话框

图8-16 调整完成

第二节　制作特殊效果

在CorelDRAW2019中应用特殊效果和命令可以制作出丰富的图形特效。下面具体介绍几种常用的特殊效果和命令。

一、制作透视效果

在设计和制作图形的过程中，经常会使用到透视效果。下面介绍如何在CorelDRAW2019中制作透视效果。

（1）打开要制作透视效果的图形，使用"选择"工具将图形选中（图8-17）。

（2）选择"对象→添加透视"命令，在图形的周围出现控制线和控制点（图8-18）。

（3）用指针拖曳控制点，制作需要的透视效果，在拖曳控制点时出现了透视点，用指针可以拖曳透视点，同时可以改变透视效果（图8-19）。

（4）制作好透视效果后，按空格键，确定完成的效果（图8-20）。

（5）要修改已经制作好的透视效果，需双击图形，再对已有的透视效果进行调整即可。选择"对象→清除透视点"命令，可以清除透视效果。

二、制作立体效果

立体效果是利用三维空间的立体旋转和光源照射的功能来完成的。CorelDRAW2019中的"立体化"工具可以制作和编辑图形的三维效果。

图8-17　图形

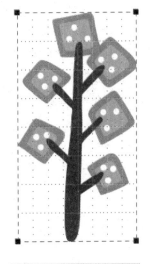

图8-18　控制线和控制点

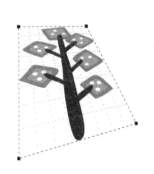

图8-19　改变透视效果

图8-20　完成的效果

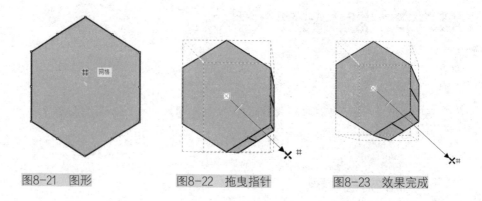

图8-21 图形　　　图8-22 拖曳指针　　　图8-23 效果完成

（1）绘制一个需要立体化的图形（图8-21）。

（2）选择"立体化"工具，在图形上按住鼠标左键并向图形右下方拖曳指针（图8-22）。达到需要的立体效果后，松开鼠标左键，图形的立体化效果完成（图8-23）。

"立体化"工具属性栏中各选项的含义如下：

①"立体化类型"选项：单击选项后的三角形弹出下拉列表，分别选择可以出现不同的立体化效果。

②"深度"选项：可以设置图形立体化的深度。

③"灭点属性"选项：可以设置灭点的属性。

④"页面或对象灭点"按钮：可以将灭点锁定到页面上，在移动图形时灭点不能移动，且立体化的图形形状会改变。

⑤"立体化旋转"按钮：单击此按钮，弹出旋转设置框，指针放在三维旋转设置区内会变为手形，拖曳鼠标可以在三维旋转设置区中旋转图形，页面中的立体化图形会进行相应的旋转。单击"旋转值"按钮，设置区中出现"旋转值"数值框，可以精确地设置立体化图形的旋转数值。单击"恢复"按钮，恢复到设置区的默认设置。

⑥"立体化颜色"按钮：单击此按钮，弹出立体化图形的"颜色"设置区。在颜色设置区中有3种颜色设置模式，分别是"使用对象填充"模式、"使用纯色"模式和"使用递减的颜色"模式。

⑦"立体化倾斜"按钮：单击此按钮，弹出"斜角修饰"设置区，通过拖曳面板中图例的节点来添加斜角效果，也可以在增量框中输入数值来设定斜角。勾选"只显示斜角修饰边"复选框，将只显示立体化图形的斜角修饰边。

⑧"立体化照明"按钮：单击此按钮，弹出照明设置区，在设置区中可以为立体化图形添加光源。

三、使用调和效果

调和工具是CorelDRAW2019中应用最广泛的工具之一。制作出的

- 补充要点 -

交互式立体化工具

"交互式立体化"工具可使文字和图形对象成为纵深感符合透视规律的立体对象。虽然CorelDRAW的"立体化"功能不及3D软件，但对于满足一般广告设计的图形、文字的立体化体现，已经是绰绰有余了。

调和效果可以在绘图对象间产生形状、颜色的平滑变化。下面具体讲解调和效果的使用方法。

（1）绘制两个要制作混合效果的图形（图8-24）。

（2）选择"混合"工具，将鼠标的指针放在左边的图形上，鼠标的指针变为"调和"图标时，按住鼠标左键并拖曳鼠标到右边的图形上（图8-25）。

"混合"工具属性栏中（图8-27），各选项的含义如下：

① "调和对象"选项：可以设置调和的步数（图8-28）。

② "调和方向"：可以设置调和的旋转角度（图8-29）。

③ "环绕调和"：调和的图形除了自身旋转外，同时将以起点图形和终点图形的中间位置为旋转中心做旋转分布（图8-30）。

④ "直接调和""顺时针调和""逆时针调和"：设定调和对象之间颜色过渡的方向（图8-31、图8-32）。

⑤ "对象和颜色加速"：调整对象和颜色的加速属性（图8-33）。单击此按钮，在弹出的对话中，拖曳滑块到需要的位置（图8-34、图8-35）。

图8-24 两个图形

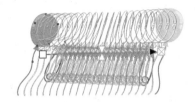
图8-25 混合图形

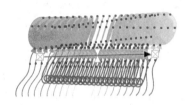
图8-26 效果完成

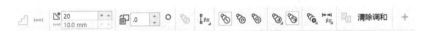
图8-27 "混合"工具属性栏

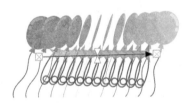
图8-28 调和步数

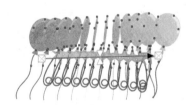
图8-29 调和方向

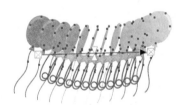
图8-30 环绕调和

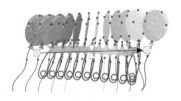
图8-31 顺时针调和

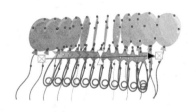
图8-32 逆时针调和

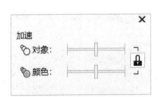
图8-33 对象和颜色加速

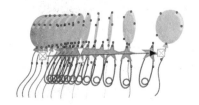
图8-34 调整加速

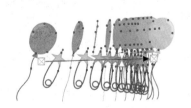
图8-35 调整加速

⑥"调整加速大小":可以控制调和的加速属性。

⑦"起始和结束属性":可以显示或重新设定调和的起始及终止对象。

⑧"路径属性":使调和对象沿绘制好的路径分布。单击此按钮,在弹出的菜单中,选择"新路径"选项(图8-36)。鼠标的指针变为"路径"图标时,在新绘制的路径上单击。沿路径进行调和的效果完成(图8-37)。

⑨"更多调和选项":可以进行更多的调和设置。单击此按钮,在弹出的菜单中,选择"映射节点"按钮,可指定起始对象的某一节点与终止对象的某一节点对应,以产生特殊的调和效果。"拆分"按钮,可将过渡对象分割成独立的对象,并可与其他对象进行再次调和。勾选"沿全路径调和"复选框,可以使调和对象自动充满整个路径。勾选"旋转全部对象"复选框,可以使调和对象的方向与路径一致(图8-38)。

(3)松开鼠标,两个图形的混合效果完成(图8-26)。

四、制作阴影效果

阴影效果是经常使用的一种特效,使用"阴影"工具也可以快速给图形制作阴影效果,还可以设置阴影的透明度、角度、位置、颜色和羽化程度。下面介绍如何制作阴影效果。

(1)打开一个图形,使用"选择"工具选取(图8-39)。

(2)再选择"阴影"工具,将鼠标指针放在图形上,按住鼠标左键并向阴影投射的方向拖曳鼠标(图8-40)。

(3)到需要的位置后松开鼠标,阴影效果完成(图8-41)。

(4)拖曳阴影控制线上的图标,可以调节阴影的透光程度。拖曳时越靠近"白框"图标,透光度越小,阴影越淡(图8-42)。

(5)拖曳时越靠近"黑框"图标,透光度越大,阴影越浓(图8-43)。

"阴影"工具属性栏中,各选项的含义如下(图8-44):

图8-36 路径属性

图8-37 效果完成

图8-38 更多调和选项

图8-39 图形

图8-40 拖曳鼠标 图8-41 阴影效果完成

图8-42 阴影淡 图8-43 阴影浓

图8-44 "阴影"工具属性栏

①"预设列表"：选择需要的预设阴影效果。单击预设框后面的+或－按钮，可以添加或删除预设框中的阴影效果。

②"阴影偏移"、"阴影角度"：可以设置阴影的偏移位置和角度。

③"阴影延展"、"阴影淡出"：可以调整阴影的长度和边缘的淡化程度。

④"阴影的不透明"：可以设置阴影的不透明度。

⑤"阴影羽化"：可以设置阴影的羽化程度。

⑥"羽化方向"：可以设置阴影的羽化方向。单击此按钮可弹出"羽化方向"设置区（图8-45）。

⑦"羽化边缘"：可以设置阴影的羽化边缘模式。单击此按钮可弹出"羽化边缘"设置区（图8-46）。

⑧"阴影颜色"：可以改变阴影的颜色。

五、设置透明效果

使用"透明度"工具可以制作出如均匀、渐变、图案和底纹等许多漂亮的透明效果。

（1）绘制并填充两个图形，选择"选择"工具选择右侧的图形（图8-47）。

（2）选择"透明度"工具（图8-48）。在属性栏中的"透明度类型"下拉列表中选择一种透明类型（图8-49）。

（3）用"选择"工具将右侧的图形选中并拖放到左侧的图案上（图8-50）。

透明属性栏中，各选项的含义如下：

①"类型和样式"：选择透明类型和透明样式。

②"开始透明度"：拖曳滑块或直接输入数值，可以改变对象的透明度。

③"透明度目标"选项：设置应用透明度到"填充""轮廓"或"全部"效果。

④"冻结透明度"按钮：冻结当前视图的透明度。

⑤"编辑透明度"：打开"渐变透明度"对话框，可以对渐变透明度进行具体的设置。

⑥"复制透明度属性"：可以复制对象的透明效果。

⑦"无透明度"：可以清除对象中的透明效果。

图8-45 "羽化方向"设置区

图8-46 "羽化边缘"设置区

图8-47 选择右侧的图形

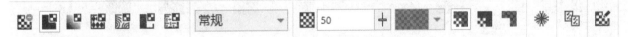

图8-48 "透明度"属性栏

图8-49 调整透明度

图8-50 拖放到左侧的图案上

六、编辑轮廓效果

轮廓效果是由图形中向内部或者外部放射的层次效果，它由多个同心线圈组成。下面介绍如何制作轮廓效果。

（1）绘制一个图形（图8-51）。

（2）在图形轮廓上方的节点上单击鼠标左键，并向内拖曳指针至需要的位置（图8-52）。

（3）松开鼠标左键，轮廓效果完成（图8-53）。"轮廓"工具的属性栏中，各选项的含义如下（图8-54）：

① "预设列表"选项i：选择系统预设的样式。

② "内部轮廓"按钮（图8-55）。

③ "外部轮廓"按钮：使对象产生向内和向外的轮廓图（图8-56）。

④ "到中心"按钮：根据设置的偏移值一直向内创建轮廓图（图8-57）。

⑤ "轮廓图步长"选项和"轮廓图偏移"选项：设置轮廓图的步数和偏移值（图8-58）。

⑥ "轮廓色"选项：设定最内一圈轮廓线的颜色。

⑦ "填充色"选项：设定轮廓图的颜色。

- 补充要点 -

交互式网状填充工具

"交互式网状填充"工具可以创建任何方向平滑颜色过渡的特殊效果，而无须创建调和或轮廓图，可以指定网格的列数和行数，而且可以指定网格的交叉点。创建网状对象之后，可以通过添加和移除节点或交点来编辑网状填充网格，也可以移除网状。用此方法来渲染具有曲面立体感的物体是行之有效的。

图8-51 图形

图8-52 拖曳指针

图8-53 效果完成

图8-54 "轮廓"工具的属性栏

图8-55 内部轮廓

图8-56 外部轮廓

图8-57 到中心

图8-58 轮廓步数和偏移

七、使用变形效果

"变形"工具可以使图形的变形操作更加方便。变形后可以产生不规则的图形外观，变形后的图形效果更具弹性、更加奇特。选择"变形"工具，弹出如图属性栏（图8-59）。在属性栏中提供了3种变形方式："推拉变形""拉链变形"和"扭曲变形"。

1. 推拉变形

（1）绘制一个图形。单击属性栏中的"推拉变形"按钮（图8-60）。

（2）在图形上按住鼠标左键并向左拖曳鼠标（图8-61）。变形的效果完成（图8-62）。

（3）在属性栏的"推拉振幅"框中，可以输入数值来控制推拉变形的幅度。推拉变形的设置范围在-200～200。单击"居中变形"按钮，可以将变形的中心移至图形的中心。单击"转换为曲线"按钮，可以将图形转换为曲线。

2. 拉链变形

（1）绘制一个图形。单击属性栏中的"拉链变形"按钮（图8-63）。

（2）在图形上按住鼠标左键并向左下方拖曳鼠标（图8-64）。变形的效果完成（图8-65）。

（3）在属性栏的"拉链失真振幅"中，可以输入数值调整变化图形时锯齿的深度。单击"随机变形"按钮，可以随机地变化图形锯齿的深度。单击"平滑变形"按钮，可以将图形锯齿的尖角变成圆弧。单击"局部变形"按

图8-59 "变形"工具属性栏

图8-60 图形

图8-61 拖曳鼠标

图8-62 效果完成

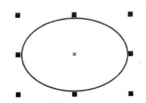

图8-63 图形

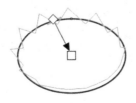

图8-64 拖曳鼠标

图8-65 效果完成

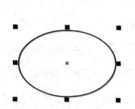 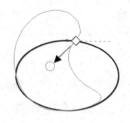 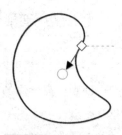

图8-66 图形 图8-67 转动鼠标 图8-68 效果完成

钮，在图形中拖曳鼠标，可以将图形锯齿的局部进行变形。

3. 扭曲变形

（1）绘制一个图形，选择"变形"工具（图8-66）。

（2）单击属性栏中的"扭曲变形"按钮，在图形中按住鼠标左键并转动鼠标（图8-67）。变形效果完成（图8-68）。

（3）单击属性栏中的"添加新的变形"按钮，可以继续在图形中按住鼠标左键并转动鼠标，制作新的变形效果。单击"顺时针旋转"按钮和"逆时针旋转"按钮，可以设置旋转的方向。在"完全旋转"文本框中可以设置完全旋转的圈数。在"附加角度"本框中可以设置旋转的角度。

八、封套效果

使用"封套"工具可以快速建立对象的封套效果，使文本、图形和位图都可以产生丰富的变形效果。

（1）打开一个要制作封套效果的图形示。选择"封套"工具（图8-69）。

（2）单击图形，图形外围显示封套的控制线和控制点（图8-70）。

（3）用鼠标拖曳需要的控制点到适当的位置并松开鼠标左键，可以改变图形的外形（图8-71），选择"选择"工具并按Esc键，取消选取（图8-72）。

图8-69 图形 图8-70 控制线和控制点 图8-71 拖曳 图8-72 效果完成

（4）在属性栏的"预设列表"中可以选择需要的预设封套效果。"直线模式"按钮、"单弧模式"按钮、"双弧模式"按钮和"非强制模式"按钮，为4种不同的封套编辑模式。"映射模式"列表框包含4种映射模式，分别是"水平"模式、"原始"模式、"自由变形"模式和"垂直"模式。使用不同的映射模式可以使封套中的对象符合封套的形状，制作出所需要的变形效果。

九、使用透镜效果

在CorelDRAW2019中，使用透镜可以制作出多种特殊效果。下面介绍使用透镜的方法和效果。

（1）打开一个图形，使用"选择"工具选取图形（图8-73）。

（2）选择"效果→透镜"命令，或按Alt+F3组合键，弹出"透镜"泊坞窗（图8-74）。

（3）单击"应用"按钮，透镜效果完成（图8-75）。

图8-75　效果完成

（4）在"透镜"泊坞窗中有"冻结""视点"和"移除表面"3个复选框，选中它们可以设置透镜效果的公共参数。

①"冻结"复选框：可以将透镜下面的图形产生的透镜效果添加成透镜的一部分。产生的透镜效果不会因为透镜或图形的移动而改变。

②"视点"复选框：可以在不移动透镜的情况下，只弹出透镜下面对象的一部分。单击"视点"后面的"编辑"按钮，在对象的中心出现x形状，拖曳x形状可以移动视点。

③"移除表面"复选框：透镜将只作用于下面的图形，没有图形的页面区域将保持通透性。

④"透明度"选项：单击列表框弹出"透镜类型"下拉列表。在"透镜"下拉列表中的透镜上单击鼠标左键，可以选择需要的透镜。选择不同的透镜，再进行参数的设定，可以制作出不同的透镜效果（图8-76）。

图8-76　"透镜"下拉列表

图8-73　图形

图8-74　"透镜"泊坞窗

本章总结

　　本章详细讲解了CorelDRAW2019中几种特殊效果的工具和命令。通过对本章内容的学习，读者可以熟练掌握各种特殊的图形效果制作方法。在使用CorelDRAW进行设计绘图时，能使自己的作品内容更丰富，效果更多彩。

课后练习

1. 在使用图框精确剪裁时，容器对象可以是任何图形吗？
2. 怎样对精确剪裁后的图形进行修改。
3. 对图形进行亮度、对比度和强度的调整时，三者有什么区别？
4. 调整颜色通道能起到怎样的作用？
5. 怎样修改已经制作好透视效果的图形，怎样删除已有的透视效果。
6. CorelDRAW2019的"变形"工具提供了几种变形方式？分别是哪几种？
7. 分别运用"调和""阴影""封套""透明"效果，制作2~4种图形特效。

第九章
案例实训

素材

学习难度：★ ★ ★ ☆ ☆
重点概念：操作、实例

◢ 章节导读：

　　本章介绍5个案例的实训操作方法，通过真实案例能深入了解CorelDRAW2019正确、高效的使用方法。由于全书篇幅有限，特将案例录制成视频教学文件，手机扫本章二维码下载后在电脑端播放观看。

案例实训1　制作银行LOGO

案例实训 1

案例实训2　光球

案例实训 2

案例实训3　剪影文字

案例实训 3

案例实训4　年历

案例实训 4

案例实训5　相邻色几何图形海报

案例实训 5

本章总结

　　本章采用CorelDRAW2019系统地制作了几个实际案例，全面总结了该软件的运用方法。希望在今后的学习、工作中能时常运用CorelDRAW进行设计绘图，能让该软件成为我们学习、工作中最常见的软件，熟练后进一步提高效率。

课后练习

1. 跟随本章案例视频教学学习绘制相关图形。
2. 使用CorelDRAW2019独立绘制5个知名企业的LOGO。
3. 设计并绘制属于自己的名片。
4. 设计并绘制一份校园音乐会的海报招贴。

附录　CorelDRAW2019快捷键

运行 Visual Basic 应用程序的编辑器【Alt】+【F11】

启动「这是什么?」帮助【Shift】+【F1】

回复到上一个动作【Ctrl】+【Z】

回复到上一个动作【Alt】+【BackSpace】

复制选取的物件并置于「剪贴簿」中【Ctrl】+【C】

复制选取的物件并置于「剪贴簿」中【Ctrl】+【INS】

将指定的属性从另一个物件复制至选取的物件【Ctrl】+
【Shift】+【A】

剪下选取的物件并置于「剪贴簿」中【Ctrl】+【X】

剪下选取的物件并置于「剪贴簿」中【Shift】+【DEL】

删除选取的物件【DEL】

将「剪贴簿」的内容贴到图文件内【Ctrl】+【V】

将「剪贴簿」的内容贴到图文件内【Shift】+【INS】

再制选取的物件并以指定的距离偏移【Ctrl】+【D】

重复上一个动作【Ctrl】+【R】

回复到上一个复原的动作【Ctrl】+【Shift】+【Z】

打开「大小泊坞窗口」【Alt】+【F10】

打开「缩放与镜像泊坞窗口」【Alt】+【F9】

打开「位置泊坞窗口」【Alt】+【F7】

打开「旋转泊坞窗口」【Alt】+【F8】

包含指定线性度量线属性的功能【Alt】+【F2】

启动「属性列」并跳到第一个可加上标签的项目
【Ctrl】+【ENTER】

打开「符号泊坞窗口」【Ctrl】+【F11】

垂直对齐选取物件的中心【C】

水平对齐选取物件的中心【E】

将选取物件向上对齐【T】

将选取物件向下对齐【B】

将选取物件向右对齐【R】

将选取物件向左对齐【L】

对齐选取物件的中心至页【P】

将物件贴齐格点（切换式）【Ctrl】+【Y】

绘制对称式多边形；按两下即可打开「选项」对话框
的「工具箱」标签【Y】

绘制一组矩形；按两下即可打开「选项」对话框的
「工具箱」标签【D】

为物件新增填色；在物件上按一下并拖动即可应用渐
变填色【G】

将物件转换成网状填色物件【M】

绘制矩形；按两下这个工具便可建立页面框架【F6】

绘制螺旋纹；按两下即可打开「选项」对话框的「工
具箱」标签【A】

绘制椭圆形及圆形；按两下这个工具即可打开「选
项」对话框的「工具箱」标签【F7】

新增文字；按一下页面即可加入美工文字；按一下并
拖动即可加入段落文字【F8】

擦拭一个图形的部分区域，或将一个物件分为两个封
闭的路径【X】

在目前工具及「挑选」工具间切换【空格】

绘制曲线，并对笔触应用预设效果、笔刷、喷洒、书
写式或压力感应效果【I】

选取最近使用的「曲线」工具【F5】

编辑物件的节点；按两下工具在所选取物件上选取全
部节点【F10】

将选取的物件放置到最后面【Shift】+【PageDown】

将选取的物件放置到最前面【Shift】+【PageUp】

将选取的物件在物件的堆叠顺序中向后移动一个位置
【Ctrl】+【PageDown】

将选取的物件在物件的堆叠顺序中向前移动一个位置
【Ctrl】+【PageUp】

选取整个图文件【Ctrl】+【A】

打散选取的物件【Ctrl】+【K】

解散选取物件或物件群组所组成的群组【Ctrl】+【U】

将选取的物件组成群组【Ctrl】+【G】

将选取的物件转换成曲线；「转换成曲线」可提供更
多更有弹性的编辑功能【Ctrl】+【Q】

将外框转换成物件【Ctrl】+【Shift】+【Q】

组合选取的物件【Ctrl】+【L】

打开「拼字检查器」，检查选取文字的拼字是否正确
【Ctrl】+【F12】

依据目前选取区域或工具显示物件或工具属性【Alt】+
【ENTER】

将标准填色应用至物件【Shift】+【F11】

将渐层填色应用至物件【F11】

打开「外框笔」对话框【F12】

打开「外框色」对话框【Shift】+【F12】

以大幅微调的设定值将物件向上微调【Shift】+【↑】

将物件向上微调【↑】

以大幅微调的设定值将物件向下大幅微调【Shift】+【↓】

将物件向下微调【↓】

以大幅微调的设定值将物件向右微调【Shift】+【←】

将物件向右微调【←】

以大幅微调的设定值将物件向左微调【Shift】+【→】

将物件向左微调【→】

储存作用中绘图【Ctrl】+【s】

打开一个现有的绘图文件【Ctrl】+【O】

打印作用中图文件【Ctrl】+【P】

将文字或物件以另一种格式输出【Ctrl】+【E】

输入文字或物件【Ctrl】+【I】

建立一个新的绘图文件【Ctrl】+【N】

打开「编辑文字」对话框【Ctrl】+【Shift】+【T】

将文字变更为垂直(切换)【Ctrl】+【.】

变更文字为水平方向【Ctrl】+【,】

设定文字属性的格式【Ctrl】+【T】

新增/删除文字物件的项目符号（切换式）【Ctrl】+【M】

将美工文字转换成段落文字，或将段落文字转换为美
工文字【Ctrl】+【F8】

将文字对齐基准线【Alt】+【F12】

重绘绘图窗口【Ctrl】+【w】

在最后两个使用的检视品质间互相切换【Shift】+【F9】

以全屏幕预览的方式显示图文件【F9】

执行显示比例动作然后返回前一个工具【F2】

打开「检视管理员泊坞窗口」【Ctrl】+【F2】

按下并拖动这个工具便可平移绘图【H】

缩小绘图的显示比例【F3】

显示绘图中的全部物件【F4】

仅放大显示选取物件的比例【Shift】+【F2】

显示整个可打印页面【Shift】+【F4】

将绘图向上平移【Alt】+【↑】

将绘图向下平移【Alt】+【↓】

将绘图向右平移【Alt】+【←】

将绘图向左平移【Alt】+【→】

打开「滤镜泊坞窗口」【Alt】+【F3】

打开设定CorelDRAW选项的对话框【Ctrl】+【J】

打开「图形与文字样式泊坞窗口」【Ctrl】+【F5】

到上一页【PageUp】

到下一页【PageDown】

将字体大小缩减为前一个点数【Ctrl】+数字键盘【2】

将字体大小缩减为「字体大小列表」中的前一个设定
【Ctrl】+数字键盘【4】

将字体大小增加为「字体大小列表」中的下一个设定
【Ctrl】+数字键盘【6】

将字体大小增加为下一个点数【Ctrl】+数字键盘【8】

变更文字对齐方式为不对齐【Ctrl】+【N】

变更文字对齐方式为强迫上一行完全对齐【Ctrl】+【H】

新增/删除文字物件的首字放大（切换式）【Ctrl】+
【Shift】+【D】

变更文字对齐方式为完全对齐【Ctrl】+【J】

变更文字对齐方式为向右对齐【Ctrl】+【R】

变更文字对齐方式为向左对齐【Ctrl】+【L】

变更文字对齐方式为置中对齐【Ctrl】+【E】

变更选取文字的大小写【Shift】+【F3】

显示非打印字符【Ctrl】+【Shift】+【C】

将文字的脱字号(^)移至框架终点【Ctrl】+【END】

将文字的脱字号(^)移至框架起点【Ctrl】+【HOME】

将文字的脱字号(^)移至文字起点【Ctrl】+【PageUp】

将文字的脱字号(^)移到文字终点【Ctrl】+【PageDown】

将文字的脱字号(^)向上移一段【Ctrl】+【↑】

将文字的脱字号(^)向上移一个框架【PageUp】

将文字的脱字号(^)向上移一行【↑】

将文字的脱字号(^)向下移一段【Ctrl】+【↓】

将文字的脱字号(^)向下移一个框架【PageDown】

将文字的脱字号(^)向下移一行【↓】

删除文字脱字号(^)右方单字【Ctrl】+【DEL】

删除文字脱字号 (^) 右方字符【DEL】

选取文字脱字号 (^) 右方单字【Ctrl】+【Shift】+【←】

选取文字脱字号 (^) 右方字符【Shift】+【←】

选取文字脱字号 (^) 左方单字【Ctrl】+【Shift】+【→】

选取文字脱字号 (^) 左方字符【Shift】+【→】

选取上移一段的文字【Ctrl】+【Shift】+【↑】

选取上移一个框架的文字【Shift】+【PageUp】

选取上移一行的文字【Shift】+【↑】

选取下移一段的文字【Ctrl】+【Shift】+【↓】

选取下移一个框架的文字【Shift】+【PageDown】

选取下移一行的文字【Shift】+【↓】

选取至框架起点文字【Ctrl】+【Shift】+【HOME】

选取至框架终点文字【Ctrl】+【Shift】+【END】

选取至文字起点的文字【Ctrl】+【Shift】+【PageUp】

选取至文字终点的文字【Ctrl】+【Shift】+【PageDown】

选取至行首文字【Shift】+【HOME】

选取至行首文字【Shift】+【END】

将文字的脱字号 (^) 移至行首【HOME】

将文字的脱字号 (^) 移至行尾【END】

将文字的脱字号 (^) 向右移一个字【Ctrl】+【←】

将文字的脱字号 (^) 向右移一个字符【←】

将文字的脱字号 (^) 向左移一个字【Ctrl】+【→】

将文字的脱字号 (^) 向左移一个字符【→】

打开「选项」对话框并选取「文字」选项页面【Ctrl】+【F10】

寻找图文件中指定的文字【Alt】+【F3】

显示图文件中所有样式的列表【Ctrl】+【Shift】+【S】

变更文字样式为粗体【Ctrl】+【B】

变更文字样式为有底线【Ctrl】+【U】

变更全部文字字符为小写字母【Ctrl】+【Shift】+【K】

变更文字样式为斜体【Ctrl】+【I】

显示所有可使用或作用中的粗细变化【Ctrl】+【Shift】+【W】

显示所有可使用或作用中的字体列表【Ctrl】+【Shift】+【F】

显示所有可使用或作用中的HTML字体大小列表【Ctrl】+【Shift】+【H】

将字体大小缩减为前一个点数【Ctrl】+数字键盘【2】

将字体大小缩减为「字体大小列表」中的前一个设定【Ctrl】+数字键盘【4】

将字体大小增加为「字体大小列表」中的下一个设定【Ctrl】+数字键盘【6】

将字体大小增加为下一个点数【Ctrl】+数字键盘【8】

显示所有可使用或作用中的字体大小列表【Ctrl】+【Shift】+【P】

参考文献
REFERENCES

[1] 唯美世界. CorelDRAW 2018从入门到精通［M］. 北京：水利水电出版社，2019.

[2] 孙芳. 中文版CorelDRAW图形创意设计与制作全视频实战228例［M］. 北京：清华大学出版社，2018.

[3] 郭万军，李辉，贾真. 从零开始——CorelDRAW X4中文版基础培训教程［M］. 北京：人民邮电出版社，2010.

[4] 孟俊宏，陆园园. 中文版CorelDRAW X6完全自学教程［M］. 北京：人民邮电出版社，2014.

[5] 尹小港. CorelDRAW X6中文版标准教程［M］. 北京：人民邮电出版社，2012.

[6] 崔生国. 图形设计［M］. 上海：上海人民美术出版社，2015.

[7] 魏洁. 图形设计：第2版［M］. 北京：中国建筑工业出版社，2019.

[8] 红糖美学. 版式设计从入门到精通［M］. 北京：水利水电出版社，2018.

[9] ArtTone视觉研究中心. 版式设计从入门到精通［M］. 北京：中国青年出版社，2012.